国家自然科学基金项目(52130409)：深部煤岩瓦斯复合动力灾害孕灾机制—演化规律及防控基础研究

国家自然科学基金项目(52374250)：受载构造煤体瓦斯局部扩散特征距离生长效应及体扩散演进阶变机制

北京市自然科学基金项目(8222070)：京津冀废弃矿井储层余气解吸收缩时变扰动及对地表复垦生态二次破坏影响研究

粉煤瓦斯快速解吸演进机制 及在突出发展过程中的作用

赵 伟 著

东南大学出版社

·南京·

图书在版编目(CIP)数据

粉煤瓦斯快速解吸演进机制及在突出发展过程中的作用 / 赵伟著. —南京：东南大学出版社，2024.5

ISBN 978-7-5766-1371-1

Ⅰ. ①粉… Ⅱ. ①赵… Ⅲ. ①煤层瓦斯-解吸-研究 Ⅳ. ①TD712

中国国家版本馆 CIP 数据核字(2024)第 076447 号

责任编辑：贺玮玮 责任校对：韩小亮 封面设计：毕真 责任印制：周荣虎

粉煤瓦斯快速解吸演进机制及在突出发展过程中的作用

Fenmei Wasi Kuaisu Jiexi Yanjin Jizhi Ji Zai Tuchu Fazhan Guocheng Zhong De Zuoyong

著　　者：赵　伟

出版发行：东南大学出版社

出　版　人：白云飞

社　　址：南京四牌楼 2 号　邮编：210096

网　　址：http://www.seupress.com

经　　销：全国各地新华书店

印　　刷：广东虎彩云印刷有限公司

开　　本：787 mm×1 092 mm　1/16

印　　张：11.75

字　　数：238 千字

版　　次：2024 年 5 月第 1 版

印　　次：2024 年 5 月第 1 次印刷

书　　号：ISBN 978-7-5766-1371-1

定　　价：58.00 元

本社图书若有印装质量问题，请直接与营销部联系。电话(传真)：025-83791830。

前　言

随着煤炭资源开采深度的逐步加深,我国煤与瓦斯突出灾害变得日益严重。国内外大量突出事故案例表明,突出一般发生在煤质松软破碎的构造带,且事故现场会出现粉煤分选的现象。这种高度破碎的煤体其自身孔隙结构遭到破坏,使得瓦斯在煤粒中扩散运移的难度大大降低,从而促使极速解吸瓦斯流的大量形成。本书运用分子扩散动力学、分形几何学、岩石力学、渗流力学、地球化学、吸附动力学等理论,采用极限近似法、变量替换法、分离变量法等数学处理方法,构建了能反映煤体破碎过程孔隙损伤的菲克扩散模型,揭示了粒径减小对解吸速度提升作用的内在机制,明确了粉煤极速解吸瓦斯在突出发展过程中的作用和存在的必要性,得到的主要结论如下:

1) 煤内在成分和孔隙结构特征的改变使得解吸瓦斯朝大流量、高速度方向发展。在煤体破碎过程中,完整煤粒会先分裂成多个小粒径的新生煤粒,此时的粒径大于基质的尺度大小,基质体未被破坏,解吸速度未有变化;之后单个煤粒继续破碎成为具有单个基质大小的煤粒,此时的煤粒基质体刚好未被破坏,是瓦斯解吸速度开始增长的起点;然后继续破碎,煤粒基质被破坏,瓦斯解吸速度极速增长。在实验破碎过程中,煤的变质程度并不会发生变化,且孔隙尺度越大,孔隙受到的损伤也就越大。

2) 煤的孔隙裂隙双重孔隙特性决定了瓦斯流动在这两种系统中的流动行为存在差异。孔隙裂隙孔径分界直径大小约为 $10\sim100\,\mathrm{nm}$ 数量级,且随着粒径减小,该分界直径有减小的可能性。当孔隙流质量大于裂隙流质量时,瓦斯流形成"节流"流动;当孔隙流质量小于裂隙流质量时,瓦斯流形成"欠压"流动。两种流动形式转换的临界点与孔隙裂隙系统渗透率的大小、瓦斯流的流动方向、压力梯度等因素有关。

3) 煤粒的吸附/解吸特性对破碎损伤的响应规律不同。对于吸附特性,不同粒径煤样的吸附常数 a 值和 b 值并没有明显的变化趋势,对应曲线呈波动状。而对于解吸特性,解吸速度与粒径的关系出现了明显的分区特征:在极限粒径以下,煤样解吸速度随着粒径的减小逐渐增大,且成比例关系;而在极限粒径以上,煤粒的解吸速度基本一致。实验煤样的极限粒径均在 $0.5\sim1\,\mathrm{mm}$ 左右,且随压力变化不大。

4) 获得了菲克扩散系数随时间衰减的变化规律。总结了获取时变菲克扩散系数的两种方法：一种是利用变量替换思想，基于双渗模型得出的求导法；另一种是利用极限近似思想，采用平均菲克扩散系数和瞬时菲克扩散系数等效化的近似推算法。菲克扩散系数表观值的衰减规律与自扩散系数的衰减规律相似，均是经历了极速衰减阶段，后逐渐趋于某一恒定的表观扩散值。破碎损伤过程增加了表观扩散系数的初始值和极限值，使衰减曲线整体上移，同时使两者的差距逐渐拉大，曲线的衰减特征越来越明显。

5) 构建了引入煤体孔隙结构参数的菲克扩散模型。基于实验获得的菲克表观扩散系数随时间的衰减规律，结合自扩散系数衰减模型，并利用两者的相似性，构建了菲克扩散系数时变数学模型，该衰减模型含有孔径、孔长及孔形等几何参数特征，能够反映孔隙几何结构对扩散系数的影响；将定常菲克扩散系数模型扩展为时因非定常菲克扩散系数模型，得出了更具普遍适用性的引入时变扩散系数的新解析解；将菲克扩散系数时变数学模型代入新模型的解析解中，最终获得了引入孔隙结构参数的单孔优化模型，新单孔优化模型对解吸曲线的拟合度最高可达 0.994 4，明显高于原单孔模型，并能精确反映煤粒孔隙几何结构特征对解吸曲线的影响。

6) 粉煤极速解吸瓦斯产生的膨胀能是搬运突出煤体能量的重要来源。在突出发展过程中，本源游离瓦斯不足以提供搬运煤体的能量，而高速解吸的瓦斯流是突出得以发展的必要补充。基于气固两相流水平管道输运理论，类比栓流向堵塞流转换的临界流速，获得了大尺度条件下煤体搬运终止时刻的临界瓦斯流速，为突出过程中有效做功瓦斯含量的确定奠定了基础；根据建立的新单孔优化模型，确立了短时内单孔优化模型的简化数学式，获得了瓦斯平均解吸速度和粒径的数学关系。结合中梁山突出案例得出，若要完成搬运突出煤体效果，煤粒需达到破碎值 $100~\mu m$ 级甚至更小，该结果也得到了中梁山其他突出事故粒径统计的验证。

7) 煤与瓦斯突出气固两相流以栓流输运的可能性极高。从栓流的形成条件来看，突出气固两相流具备形成栓流的高压力、高固气比的条件。在突出发展过程中，瓦斯梯度随暴露面的逐渐推移形成往复式的、逐渐向煤体内部发展的天然高压气刀，对突出煤体进行了切割抛射。从栓流输运的速度特性来看，突出气固两相流实际速度应为 $10~m/s$ 左右的低速流，与栓流流速相仿。突出对巷道的破坏主要体现在高质量形成的高动能上。从栓流停滞后粉体的分布特征来看，物理模拟及实际事故中均存在波浪状重叠分布的突出煤粉，符合栓流特征。从突出发展过程中的音爆形成机制来看，栓流堵塞并借助高压导通的解释是合理的。

目 录

Contents

8 煤与瓦斯突出气固两相栓流输运的猜想 151

1 绪论

1.1 研究背景及意义

煤与瓦斯突出(简称突出)指在极短时间内向井下生产空间抛出大量煤岩及瓦斯的地质动力现象[1,2]。突出通常伴随着巨大能量的释放,煤层中储存的瓦斯能和应力能在工程扰动下瞬间释放,产生的高速瓦斯流可以轻易引发瓦斯爆炸、瓦斯窒息、瓦斯燃烧等灾害,对巷道内的人员、设备构成巨大的威胁。在过去 190 年中,世界范围内共发生过30 000 余次突出,其中最大规模的突出发生在乌克兰顿涅茨克盆地加加林煤矿,该突出共抛出 14 500 t 煤岩,涌出 2.5×10^5 m^3 瓦斯[3-5]。

我国是煤炭资源的生产和消费大国,2016 年我国原煤产量保持在 3.41×10^9 t 水平,煤炭消费占能源消费结构的 70% 左右,其中埋深 1 000 m 以下的煤炭资源占总量的 65% 以上。在全国统计的 43 个矿区中,采掘深度超过 800 m 的煤矿为 200 余对,超过 1 000 m的为 47 对。尤其是 2000 年以后,国民经济迅速发展,煤炭需求量猛增,我国煤矿深部开采趋势扩大,开采深度以每年 10~20 m 的速度向深部延伸,局部地区甚至达到 20~50 m。深部赋存的条件使得煤层地应力、瓦斯压力和含量急剧增加,而煤层渗透率大大降低,形成"三高一低"特性煤层。据统计,在埋深 800~1 000 m 时,煤层地应力可高达 22~27 MPa,瓦斯压力可达 6.0~8.0 MPa,瓦斯含量可达 20~30 m^3/t,而煤层渗透率较浅部低 1~2 个数量级。如此特殊的赋存条件大大增加了煤与瓦斯突出的危险性[6-8]。

煤体破碎是突出发生及发展的必要条件。自中华人民共和国成立以来,我国共发生过 31 次中型(100~500 t)、大型(500~1 000 t)及特大型(>1 000 t)突出,事故地点主要集中在四川、安徽、河南、黑龙江等省份,其中 81% 的突出发生在断层、褶曲等地质异常赋存区。该类区域煤体松软破碎,有高比表面积、高吸附能力、高解吸速度、低力学强度、低渗透性等特征,在良好的瓦斯储集条件下,容易发生较大强度的突出。此外,大量的突出事故表明,突出现场有大量的突出煤粉存在。针对煤粉的产生机制,多数研究均是定性地进行描述,认为破碎煤体是由煤层地应力及瓦斯流的撕裂作用产生的,并没有推断出煤粉破碎的程度或者粒径范围,也未考虑撕裂破碎对煤粒瓦斯解吸的正反馈作用,以及这种高速瓦斯流对突出气固两相流形成所起的作用。

短时间内形成大量瓦斯从而抛出大质量的煤体是突出发生及发展的另一必要条件。

1

国内外学者通常将突出描述成后方瓦斯气垫抛出前方煤体的平抛或斜抛运动,逐步形成了突出球壳、突出层裂、突出启动能量等代表性的突出理论。在进行事故调查时,也发现了短时间内冲破浓度表量程的高浓度瓦斯流(见图1-1)。然而在考虑该高速瓦斯的来源时,大多数学者忽略了小粒径煤粉的极速解吸现象,因而未考虑突出煤体内源瓦斯的产生,把多数注意力集中在了外源瓦斯上,认为突出的大量瓦斯是突出煤体周围区域裂隙渗流产生的。另外,这种外源瓦斯说也无法充分解释突出事故现场大量存在的面粉状煤粉产物。因此,搞清楚突出中瓦斯真正的来源,确定突出煤体解吸对突出发展的影响作用大小显得尤为重要。

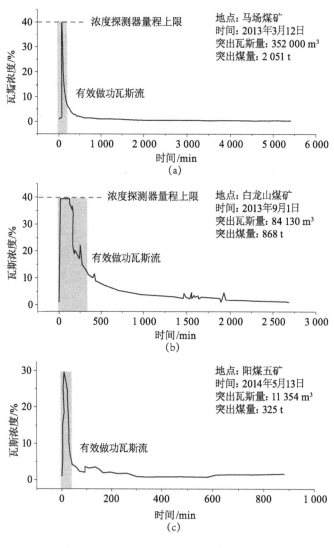

图 1-1　突出事故中瓦斯浓度变化图[9-11]

煤体瓦斯解吸特性受到瓦斯含量、瓦斯压力、温度、粒度、水分、气压等因素的影响,其中煤体本身的孔隙结构从本质上决定了瓦斯分子解吸扩散的难易程度。在突出过程中,煤体会由完整的块体逐步破碎为煤粒甚至煤粉,煤体孔隙结构(包括孔容、比表面积、孔型、孔隙率、曲折度等参数)会发生变化,进而使瓦斯解吸的速度及解吸终止时间发生变化,加速了突出气固两相流的形成和发展。然而国内外文献中对突出气固两相流形成及输运过程中煤粒的二次损伤少有提及,且在定量描述孔隙损伤对解吸的控制作用方面存在不足,没有建立具体的可以描述煤体孔型变化与解吸速度大小的数学关系式。

本书在研究煤的多元物性参数测定结果的基础上,分析了不同粒径煤样的孔隙损伤特征及瓦斯吸附/解吸特性;构建了考虑孔型损伤的时变菲克扩散系数的数学模型,获得了不同孔长、孔半径及孔形状条件下煤样的扩散系数变化规律;引入时变菲克扩散系数,建立了适合描述突出中煤粉极速解吸特性的短时间单孔解吸扩散优化模型;通过对突出能量形式及大小的分析,以及对突出事故现场的参数提取,得出了特定突出现场的瓦斯膨胀能及所需的解吸速度大小;建立了解吸速度与煤粒粒径的关系,从而得出用于搬运突出煤粉的最小突出粒径,并与现场突出粒径分布进行对比验证。本书的研究工作深化了对煤与瓦斯突出中瓦斯作用的认识,验证了煤粉存在的必要性及合理性,对煤与瓦斯突出的防治理论的深化具有重要的意义。

1.2 国内外研究现状

1.2.1 煤粒微观孔隙结构及损伤机制的研究现状

1) 煤中孔隙结构

煤是一种非均质的多孔介质,在煤的表面和内部遍布着由有机质、矿物质形成的各类孔隙。按照孔隙的功能、种类及尺度,煤中孔隙可以分为基质孔隙和裂隙。前者拥有较大的比表面积,是吸附瓦斯赋存的主要场所;后者则沟通了其他基质孔隙,是游离瓦斯形成渗流的主要场所。将煤看作由孔隙和裂隙组成的双重孔隙结构,是人们为了研究方便而做出的假设。实际上煤中孔隙和裂隙呈非均质分布,其大小、规模、连通性等极其复杂,很难对其进行明显且有效的界限划分,在进行表征时往往统称为孔隙系统。而通过实验手段获得的孔径大小分布,则较数学上的分类更为科学,国内外通用孔隙分类方法如表 1-1 所示。我国在进行瓦斯相关研究时,多采用苏联时期霍多特孔隙分类方法,认为微孔构成了煤中的吸附容积,小孔构成了毛细管凝结和瓦斯扩散的空间,中孔构成了瓦斯缓慢层流渗透的区域,大孔则构成了强烈的层流渗透区间。而在国际上,多采用 IUPAC 孔隙分类方法。在应用压汞、液氮吸附等测孔手段获得孔隙分布时也多用此分类方法进行分析。

表 1-1　煤孔隙分类方法统计表（直径）[1, 12-14]　　　　　　　　　　单位：nm

分类方式	微孔	小孔	中孔	大孔
霍多特（1961）	<10	10～100	100～1 000	>1 000
杜比宁（1963）	<2	2～20（过渡孔）	—	>20
Gan 等（1972）	<1.2	1.2～30（过渡孔）	—	30～2 960
IUPAC（1978）	<2	2～50（介孔）	—	>50
朱之培（1982）	<12	12～30	—	>30
抚顺院（1985）	<8	8～100	—	>100
Grish 等（1987）	<0.8	0.8～2	2～50	>50
杨思敏（1991）	<10	10～50	50～750	>1 000
吴俊（1991）	<10	10～100	100～1 000	1 000～15 000
秦勇（1994）	<10	10～50	50～450	>450

关于孔隙的测试分析方法主要有两类：一类为光学观测法，另一类为流体侵入法。光学观测法主要包括光学显微镜（OM）法、电子显微镜（EM）法和核磁共振（NMR）法等。流体侵入法主要包括液氮吸附（LTNA）法、二氧化碳吸附（CDA）法、压汞（MIP）法等。各种方法测试的孔隙范围如图 1-2 所示，由于不同仪器制造的型号及标准不尽相同，所以孔径测试的上、下限也没有固定数值。

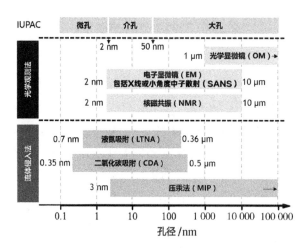

图 1-2　各种方法测试的孔隙范围[15, 16]

研究结果表明，煤是一种富微孔结构的多孔介质，大、中孔占煤体孔隙体积比例较小。煤体的不同孔隙的孔容分布情况受变质程度、赋存环境的影响呈现不同的孔径分布曲线。对煤的孔隙率的研究表明：煤的总的孔隙率随着变质程度呈马鞍形变化。对于烟煤，中等程度变质的煤体总孔隙率较小,变质程度较低和较高的煤体总孔隙率则较大,这与瓦斯极限吸附量 a 的变化趋势相同,进一步说明了煤体孔隙是吸附瓦斯赋存的主要场所[1]。而就不同种类的孔隙而言,微孔孔容随着煤的变质程度增加而增大,其他孔隙变化不规则。苏联时期马克耶夫安全科学院首次给出了不同变质程度煤体微孔孔容的变化范围,从长焰煤到无烟煤微孔平均孔容从 0.023 m³/t 增加到 0.055 m³/t[17]。

2) 破碎过程对孔隙结构的损伤

由于煤是非均质体,不同部位所拥有的力学强度不同。在受到外力的作用时,煤体局部所具有的矿物成分、结晶程度、颗粒大小、颗粒联结及胶结情况、密度、层理和裂隙的特性和方向、风化程度、含水情况等性质都会直接影响到煤体最终的破碎效果[18]。煤受机械作用可以分裂成不同的形状:棱柱形、棱锥形、球形、碎片状、薄片状、针状,这与成煤的植物体种类以及赋存条件有关[12]。破碎煤的分布具有一定的统计规律,Rosin 和 Rammler 在 1933 年给出了粉煤粒度特性分布的统计规律,其符合对数正态分布 Rosin-Rammler 方程[19, 20]。柯尔莫哥洛夫认为粉碎的产物的粒度分布服从对数正态分布。Herdan 认为通过碾、磨、破碎等外力得到的粒径分布通常均为对数正态型,岩石及黏土类矿物破碎后的粒径分布都能很好地实现拟合[18]。胡千庭通过统计鱼田堡煤矿、中梁山煤矿的部分突出事故的粒径分布,认为突出煤粒分布符合 Rosin-Rammler 方程[21]。

破碎过程会影响煤体孔隙结构特征。霍多特[12]、王佑安等[22]指出突出破碎过程中不同孔隙的比重变化是由于原大孔和裂隙的消失,破碎首先对长度较大、裂度较宽的大孔产生作用,而对微孔的破坏则不明显。Nandi 和 Walker[23]认为随着粒径的减小,煤粒新产生了大量的大孔。Guo 等[24]采用压汞、液氮方法测试了晋城寺河煤矿无烟煤的孔隙变化随粒径的变化规律,得出在小于基质大小的粒径下,煤体孔容及平均孔径随粒径减小呈快速增长趋势。司书芳和王向军[25]认为粒径对煤体孔隙系统的影响存在某一临界点,当小于该临界粒径时,孔容和孔比表面积随粒径减小会大幅度提升;而大于该临界粒径时,孔容和孔比表面积则保持不变。姜海纳[26]对三个不同突出地点的突出煤样进行孔隙测定,认为毫米级粒径煤样孔容以过渡孔和中孔为主,随粒径减小逐渐过渡到以中、大孔为主,总孔容整体呈增大趋势,增大倍数介于 1.171 5～28.5 之间。Busch 等[27, 28]认为破碎过程减少了煤中壳质组和镜质组成分的含量,而 Karacan 和 Mitchell[29]指出镜质组和壳质组是微孔的主要贡献者。Cloke 等[30]对世界范围内不同地点的不同粒径煤粒进行了煤岩组分测试及工业分析,认为破碎的程度越高,灰分和丝质组(惰质组)含量越少。煤岩组分的改变使得煤中胶粒的组成及排列发生变化,进而影响到孔隙的发育。

此外,国内学者做了大量构造煤(破碎煤)与原煤(完整煤)的孔隙特征对比试验,普遍认为构造作用主要是增加煤的孔隙率和总孔容,在孔隙尺度上主要是增加大孔孔容,而对中孔和微孔的影响暂时没有发现统一的规律[31-38]。而对于煤孔孔型,构造外力产生切断、剥离的作用。薛光武等[39]研究认为随构造作用的增强,孔形由开放型孔逐渐变为墨水瓶形孔。降文萍等[40]认为随着构造变形作用的增强,孔形由开放型和半开放型圆柱形孔逐渐变为狭缝形孔、墨水瓶形孔和一端圆柱形孔。张晓辉等[41]认为随着构造变形作用的增强,孔径配置由并联转化为串联,开放孔逐步转化为细颈瓶孔。

1.2.2　煤粒吸附/解吸特性及其影响因素研究现状

煤对瓦斯的吸附属于多分子层物理吸附。煤中瓦斯的赋存状态主要有吸附态和游离态两种,也有少部分瓦斯被吸收于煤孔隙中。一般认为,煤中的吸附瓦斯赋存在煤体微孔中,而游离瓦斯存在于大孔或裂隙中。煤粒吸附/解吸特性受到煤体内部结构(如变质程度、粒度)及外部环境(如压力、温度、水分)等因素的影响。

煤中吸附瓦斯随着瓦斯压力升高逐渐趋近于某一极限值,其吸附浓度由大于游离瓦斯的正吸附逐渐变为浓度小于游离瓦斯的负吸附。煤体对瓦斯的多层吸附可以用 BET 模型进行解释。但在工程应用时,常常使用简单的 Langmuir 方程进行描述,但由于 Langmuir 方程是单层吸附模型,因此其模型中的参数并不能科学解释煤对瓦斯的吸附现象,而仅可用于计算吸附量[42]。霍多特[12]认为在 60 atm 以下,由于吸收态存在的瓦斯较少,可以只考虑吸附态及游离态瓦斯,此时应用 Langmuir 方程更为合理。Ruppel 等[43]则认为瓦斯吸附平衡压力在 150 atm 以下均适用于 Langmuir 方程。此外,在低压段吸附瓦斯浓度与平衡压力近似呈线性关系,符合 Henry 模型,部分学者使用该模型进行吸附量简化计算[44, 45]。煤体解吸时,平衡压力对解吸有促进作用。俞启香、程远平、王兆峰等一大批学者对国内不同矿区的煤粒解吸特性随压力变化规律进行了测定。在同一解吸时间区间内,平衡压力与解吸量呈正相关[1, 2, 46, 47]。

温度是影响煤体吸附/解吸特性的又一环境因素。由于煤对瓦斯吸附属于放热反应,温度升高抑制了吸附过程,使极限吸附量 a 减小,这一现象普遍存在于等温吸附实验中[48-51]。解吸时,升温促进了甲烷分子的热运动,使其能更轻易地挣脱吸附势的束缚,加速解吸。李志强等[52]、刘彦伟等[53]、卢守青等[54]的研究成果均说明了这一点。

煤中水分对瓦斯的吸附性有抑制作用。国内外普遍采用爱琴格尔经验公式对吸附量进行修正[2]。煤炭科学研究总院抚顺分院通过对 3 个煤中各种水分含量的吸附等温线进行测定,得出了考虑煤挥发分的水分因子影响公式[2]。张占存和马丕梁[55]选取不同变质程度的煤样考察了不同水分含量下其吸附量的变化程度,得出不同变质程度煤的新的水分影响校正系数。霍多特[12]、张时音和桑树勋[56]、张小东等[57]通过实验也都验证了水分对吸附的抑制作用。而对于解吸,水分的作用较为复杂,除抑制作用外,在某些情况下也会加速解吸。陈向军等[58, 59]认为注水对煤层瓦斯解吸的综合效应主要与注水后煤层渗透率变化和水对吸附瓦斯的置换作用有关。当煤层渗透率降低程度较小,水对煤层吸附的瓦斯置换强度较大时,注水将促进煤层瓦斯解吸;反之,注水将抑制煤层瓦斯解吸。牟俊惠等[60]测试了三种不同程度变质煤解吸特性随水分的变化规律,得出结论:随着煤样变质程度的增加,水分对瓦斯放散初速度的影响将增大。

变质程度直接影响着煤体的孔隙结构及表面吸附能力。俞启香和程远平[2]对30 ℃和2.0 MPa下不同变质程度煤体的瓦斯吸附量进行了测量,认为其 a 值符合U形或钩形的变化趋势。在中等焦瘦煤变质程度时,瓦斯极限吸附量达到最低值。Dan等[61]、张文静等[62]、卢守青等[54]、降文萍[63]等所做实验的结果与此观点相符。但钟玲文和张新民[64]认为在高变质段,镜质组反射率为5%时,吸附量又重新达到最高值,之后再继续降低,在整个变质阶段完成波浪形曲线变化。对于解吸特性,张时音和桑树勋[56]认为随着煤级的升高,总孔容曲线开始急剧下降,后下降趋势变缓,最后慢慢抬升,而扩散系数曲线也随之变化。刘彦伟[47]认为变质程度对瓦斯极限放散量和其对吸附能力的影响一致。Zhao等[65]在统计不同煤种1~3 mm煤样第一分钟解吸量时认为其与 R_o 也成钩形分布。An等[66]则认为微孔表面积及Langmuir吸附常数 V_L 随着变质程度升高而增大。

粒径对煤体吸附特性的影响存在差异。霍多特[12]、杨其銮[67]、俞启香和程远平[2]、Ruppel等[43]认为破坏过程对煤中微孔影响不大,而煤中微孔是吸附瓦斯的主要赋存场所。刘彦伟[47]、张晓东等[68]、Guo等[24]认为煤的粒度变小,只是增加了煤粒的外表面积,吸附等温线并不随粒径的改变而改变。然而在一些文献中也出现了极限吸附量变化的情况。渡边伊温[69]认为相同瓦斯压力下,吸附量随粒度发生变化。张天军等[70]认为煤粒径在不同粒径段内呈现不同的变化规律。姜海纳[26]认为随着粒径减小,极限吸附量 a 值及压力吸附常数 b 值整体与平衡颗粒直径呈幂函数上升关系。Busch等[27]认为粒径对煤体瓦斯吸附能力的影响是煤中显微组分、矿物组分及孔隙特征的多重作用结果。随着粒径增大,吸附能力强的镜质组增多,煤粒吸附能力变强;但同时,煤粒中的灰分等矿物成分增多,使得煤粒吸附的孔道堵塞,吸附性能下降。此外,小粒径煤粒具有发育更好的孔隙系统,又会使其吸附性能增加。所以不同煤种极限吸附量 a 随粒径的变化规律不同。

粒径对煤体的解吸特性的影响规律则较为清晰。霍多特[12]以瓦斯压力在球形中的分布方程推导出了瓦斯涌出速度与粒径的数学关系。Nandi和Walker[23]认为随着粒径减小,瓦斯扩散系数逐渐增大。渡边伊温[69]认为在解吸初期解吸速度与粒径成比例关系,并将比例指数定义为突出指标 K_d,且认为 K_d 值不随瓦斯平衡压力而变化。杨其銮[67]对四个种类六种粒度煤样的解吸曲线进行了测定,认为煤是由无穷多个具有极限粒度的微元体组成的,极限颗粒内部的孔隙阻力远比颗粒之间的孔隙阻力小。因此在大于极限粒度的粒径下,煤体解吸速度一致;在小于极限粒度的粒径下,煤体解吸速度逐步提高。Airey[71]、Bertard等[72]、Siemons等[73]、曹垚林和仇海生[74]也都观测到了同样的实验现象,均发现到达一定粒径之后,瓦斯解吸速度及扩散系数基本不变。Banerjee[75]、Busch 等[27]、Guo 等[24]则从煤的双重孔隙结构角度分析粒径对解吸特性的影响,认为基质之间的裂隙尺寸影响了煤体解吸速度的增加。但 Gray[76]、周世宁[77]认为此现象还有另一种解释,煤粒之间存在的裂隙系统渗透率远高于煤粒本身的渗透率,这一渗透的差异在 Liu 等[78-82]的分析中得到验证。

1.2.3　煤层瓦斯运移理论与瓦斯扩散模型研究现状

1)瓦斯运移理论

从双孔介质角度来看,煤体内部的解吸瓦斯流按运移空间可分为脱附、扩散、渗流三个过程,如图 1-3 所示。在煤的基质内部存在大量孔隙,因此在基质内部瓦斯以浓度梯度为主导进行扩散;而在煤的基质之间则存在着大量的裂隙,因此在基质之间瓦斯以压力梯度为主导进行渗流。渗流主要用于描述压力驱动的连续高速流体的运移现象,在煤中此种流体主要是瓦斯和水。最先提出的渗透模型是 1856 年法国专家 Darcy 推导出的 Darcy 公式[64]。周世宁和林柏泉[85]认为瓦斯流动符合 Darcy 定律,并在国内提出了线性瓦斯渗透理论。罗新荣[86]将 Klinkenberg 效应引入了 Darcy 定律,建立了非线性瓦斯渗流理论。国外学者则从吸附变形及有效应力角度提出了大量描述渗透行为的数学模型,常用的有 S-H(Seidle-Huitt)模型[87]、P-M(Palmer-Mansoori)模型[88]、S-D(Shi-Durucan)模型[89]、C-B(Cui-Bustin)模型[90]、R-C(Robertson-Christiansen)模型[91]、Clarkson 模型[92]、Zhang 氏模型[93]、L-R(Liu-Rutqvist)模型[94]、Liu 氏模型[79],Izadi 模型[95]、Wang 氏模型[4]等。而扩散现象则侧重于研究浓度控制的低速流体。从单个的分子扩散,到大量连续的流体扩散,均可以用扩散方程进行描述。根据研究扩散的尺度,扩散可分为分子级的自扩散与宏观上的菲克扩散[96]。根据煤孔隙的直径和甲烷分子的平均自由程,可以将瓦斯在煤基质中的扩散分为菲克扩散、过渡扩散和克努森扩散;根据边界条件和基质内部瓦斯压力的分布情况,扩散可分为稳态扩散(菲克第一定律)和非稳态扩散(菲克第二定律)[97],而我们在研究基质中瓦斯运移时多采用拟稳态的菲克扩散定律。在实际煤基质中既存在着浓度差也存在着压力差,但是在研究的过程中我们往往将压力差进一步转化为浓度差。

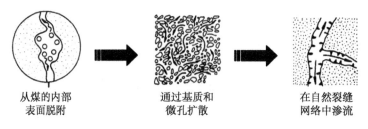

从煤的内部　　　　通过基质和　　　　在自然裂缝
表面脱附　　　　　微孔扩散　　　　　网络中渗流

图 1-3　煤中解吸瓦斯的运移[83]

2）扩散模型

扩散现象一直是研究煤体瓦斯运移规律的热点问题,其可用于估算瓦斯含量、估算钻孔瓦斯损失量、解释瓦斯解吸规律、计算瓦斯涌出量等[1]。经典的菲克扩散理论认为,扩散是在浓度梯度的作用下发生的一种物质迁移现象。常用的描述解吸规律的模型有基于菲克扩散定律的数学推导模型和经验模型两类。其中,数学推导模型又可分为单孔模型、双孔模型和多孔模型三类。Crank[97]首先给出了在菲克扩散系数不变的情况下,适用于不同边界条件、不同扩散介质(包括板形、圆柱形和球形)的单孔均质模型数学解。而对于短时间内的扩散过程,无论扩散介质形状如何,扩散分数和扩散时间的平方根都具有很好的线性关系[96,98,99]。Nandi 和 Walker[23]、Smith 和 Williams[100]利用此规律,计算出了煤中瓦斯的有效扩散系数。但实质上煤是非均质体,单孔模型很难在长时间内获得好的拟合系数。Smith 和 Williams[100]、Clarkson 和 Bustin[101]、Ruckenstein 等[44]将单一扩散系数分为大孔扩散系数和小孔扩散系数,并以此假设推导出了双孔模型。Clarkson 和 Bustin[101]认为 Ruckenstein 模型引入的是 Henry 模型进行吸附量计算,对于高压段的瓦斯吸附解吸过程不适合。之后 Cui 等[102]、Guo 等[24]、Pan[103]均采用了双孔模型进行吸附解吸过程的描述。而在刘彦伟[47]的博士论文中又将双孔模型发展为了含有大孔、中孔、微孔扩散系数的三孔模型,形式更为复杂,需要确定的参数更多。

单孔、双孔及三孔模型虽然能很好地描述扩散现象,但都以无穷级数或者偏导形式存在,难以应用于工程。在国内煤炭科学领域,多采用形式简单的经验公式进行解吸规律的描述,如 Barrer 式[104]、Winter 式[105]、乌斯基诺夫式[106]、Airey 式[71]、Bolt 式[107]、王佑安式[22]、孙重旭式[108]等,相关成果在煤层突出危险性预测和瓦斯含量确定方面得到了很好的应用。此外,也存在部分模型是根据经典单孔扩散模型推导得出的经验公式。杨其銮和王佑安[109]将 Crank 推导的第一类边界条件下扩散解析解的前 10 项进行了拟合,得出了杨氏经验模型。聂百胜等[110]只保留了 Crank 推导的第三类边界条件下扩散解析解的第一项,得出了聂氏模型。上述两种模型在拟合扩散系数等方面有很好的应用。另外,也有以双孔模型为基础的经验公式,Busch 等[27]曾引入两个一级动力学方程系数来描述定容状态下的瓦斯压力变化过程,获得了很高的拟合系数。

而在非煤领域,国内外学者也做出大量关于多孔介质对流体的吸附速度的研究。比较著名的规律叙述有班厄姆公式、鲛岛公式、伊洛维奇公式及伯格顿公式[45,111],这些公式均是在一定压力下研究多孔介质的吸附速度规律,通过观察吸附质量的变化来描述吸附过程。此外,日本学者饭岛也提出了在定容状态下的吸附速度公式[45],可通过观察孔隙压力变化描述吸附过程。可以发现,定压和定容状态下,多孔介质吸附量或孔隙压力变化是基本符合对数函数关系的。

常用吸附/解吸扩散模型如图 1-4 所示。

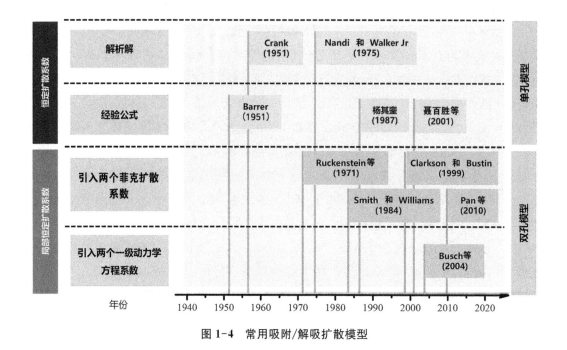

图 1-4　常用吸附/解吸扩散模型

1.2.4　煤与瓦斯突出发动及发展机理研究现状

1）煤与瓦斯突出假说

煤与瓦斯突出的过程是极其复杂的，是由煤层地应力、瓦斯、煤体结构等多方面因素综合决定的[1, 112-114]。自 1834 年法国首次记录煤与瓦斯突出以来，各国科学家在近 190 年的研究中，从不同角度来解释煤与瓦斯突出现象，提出了大量假说。虽然这些假说加深了人们对突出的认识，在突出防治工程中得到了一定的应用，但都仅仅侧重于解释突出的某一点或几点特性，不能全面地、细致地、完整地解释突出的发生及发展的机理，所以很难对突出防治工作有本质上的帮助[4]。

目前，国内外流行四种突出机理假说，分别为：以瓦斯为主导作用的"瓦斯作用假说"、以地应力为主导作用的"地应力作用假说"、"化学本质假说"以及"综合作用假说"。其中，"综合作用假说"由于全面考虑了突出发生的作用力和介质两个方面的主要因素，得到了国内外大多数学者的认可[1, 2, 17]。

"瓦斯作用假说"认为煤内存贮的高压瓦斯是突出中起主要作用的因素，主要包括"瓦斯包"说、粉煤带说、突出波说、煤透气性不均匀说、裂缝堵塞说、闭合孔隙瓦斯释放说、瓦斯膨胀说、火山瓦斯说、瓦斯解吸说等。其中，"瓦斯包"说占重要地位。

"地应力作用假说"认为突出主要是高地应力作用的结果，主要包括岩石变形潜能说、应力集中说、剪应力说、振动波动说、冲击式移动说、顶板位移不均匀说、应力叠加说、拉应力波说等。

"化学本质假说"认为突出是由煤体在深处变质时发生爆炸等化学反应引起的,主要包括"爆炸的煤"说、地球化学说和硝基化学物说。但迄今为止在矿井中尚未发现"化学本质假说"的相关证据,因此其得到的支持和拥护较少。

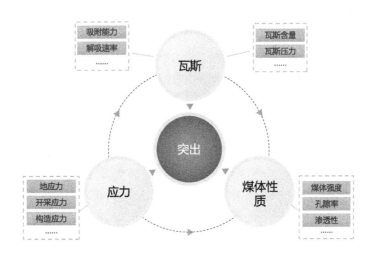

图 1-5 突出发生的条件

"综合作用假说"认为突出是应力、瓦斯、煤体性质等因素综合作用的结果,如图 1-5 所示。瓦斯因素主要包括瓦斯含量、瓦斯压力、吸附能力、解吸速度;应力因素包括地应力、开采应力、构造应力等;煤体性质因素包括煤体强度、孔隙率、渗透性等[4, 115-131]。这一假说较全面地考虑了突出的动力与阻力两个方面的主要因素,因而得到了国内外学者的普遍认可。主要包括振动说、分层分离说、破坏区说、动力效应说、游离瓦斯压力说、能量假说和应力分布不均匀说。其中,霍多特提出的能量假说因忽略了各参数复杂的测试流程及对突出的作用贡献,从能量的角度将突出进行简化分析,故影响最为广泛。霍多特认为突出发生需要满足三个条件:一是煤的变形潜能和瓦斯内能要大于抛出煤体的移动功和煤体的破碎功;二是煤体的破碎速度要大于瓦斯压力的下降速度;三是破碎完成以前,瓦斯压力要大于已破碎煤体的抛出阻力。另外,我国学者于不凡[17]、何学秋和周世宁[132]、蒋承林和俞启香[133, 134]、郭品坤[114]分别提出了"发动中心理论""突出流变理论""球壳失稳理论""层裂突出理论",也产生了广泛的影响。

2)瓦斯在突出过程中的作用

瓦斯对突出的孕育和发展均起着关键作用,在工程实践中突出的防治方法也多是与瓦斯抽采相关的区域及局部措施,包括保护层开采、底板巷、穿层钻孔、顺层钻孔、千米长钻孔、高位钻场、地面钻井等方式[1, 135, 136]。在突出孕育阶段,瓦斯主要起降低煤体强度、形成高压力梯度的作用。瓦斯对煤体既存在着游离瓦斯产生的力学作用,又存在着吸附瓦斯产生的非力学作用。寇绍全等[137]、许江等[138]认为含瓦斯的煤所产生的力学效应是由游离瓦斯改变有效应力而形成的,而吸附瓦斯对煤体峰值强度等参数的非力学作用可以忽略不计。姚宇平等[139]认为煤吸附瓦斯后内摩擦角不变,黏聚力降低,煤的强度降低。景国勋和张强认为煤体吸附瓦斯后固体表面能降低,从而导致固体的抗压强度降低,同时煤体的脆性度随瓦斯压力的增加而显著增加[222]。尹光志等[140]认为游离瓦斯改变了煤体全部变形阶段的力学响应特征,而随着瓦斯压力的增加,吸附瓦斯非力学作用会逐渐起主导作用。梁冰等[141]、李小双等[142]、王家臣等[143]、Masoudian等[144]、Mishra和Dlamini[145]的研究指出瓦斯对煤体的抗压强度、弹性模量、峰值应变、残余强度等力学参数均有影响。据此,大量关于吸附变形及应力对煤体孔隙影响的本构模型被提出[78, 80-82, 146]。

在突出过程中,瓦斯起着提供搬运煤体的能量,并与地应力配合连续地剥离破碎煤体使突出向煤体的深部传播的作用。苏联时期的 A.M.克利沃鲁奇科认为瓦斯是引发突出的主要因素,而煤体粉碎、瓦斯解吸和气固混合物喷出所需的能量,是由煤层的围岩通过振动来传递的[17]。郑哲敏[147]认为突出煤层中瓦斯内能要比煤体的弹性势能大1~3个数量级,瓦斯对突出起主要作用。Paterson[148]认为突出是瓦斯压力梯度作用下发生的结构失稳,并建立了突出的数学模型进行讨论分析。霍多特[12]认为突出煤体在静、动载荷作用下破碎,瓦斯自破碎煤体中解吸,瓦斯膨胀抛出煤粉。英国鲍来的解释为突出破碎煤体的抛出是由于吸附瓦斯自破碎煤体中迅速解吸释放出足够能量[17]。苏联时期的彼图霍夫等认为突出时颗粒的分离过程是一层一层进行的,形成了分层分离说[17]。当突出危险带表面大面积暴露时,由于瓦斯压力梯度作用使分层承受拉伸力,拉伸力大于分层强度时,即发生突出分层从煤体上分离的现象。蒋承林[133]认为应力在突出煤体中形成"I"型裂隙,瓦斯涌入其中并抛出前方球壳状的突出煤体。郭品坤[114]认为突出煤体呈层状破裂,解吸后的层状煤体硬度提高,形成层裂现象。Guan等[149]、Wang等[115]采用 Alidibirov 和 Dingwell[150]设计的岩体快速破坏观测装置模拟瓦斯突出实验,用高速摄像机观察了含瓦斯煤体的破坏和传播特征,结果显示有明显的分层传播特征。此外,部分理论从突出煤体流变的角度探讨了瓦斯在突出中的作用。日本的矶部俊郎等认为吸附瓦斯由于煤破坏时释放的弹性能供给热量而解吸,煤粒子间的瓦斯使煤的内摩擦力下降,而变成易流动状态[17]。何学秋和周世宁[132]、梁冰等[151]认为瓦斯能够促进煤体的软化,使裂纹和裂缝发育。李萍丰[152]认为突出中心的煤体破碎,释放出的大量瓦斯使得煤粒间失去机械联系,形成分散相,在瓦斯介质中产生流变性,形成两相流体。徐涛等[153]、孙东玲等[154]运用 Fluent 软件对突出过程中喷出的煤与瓦斯两相流进行了模拟,认为不同强度的煤与瓦斯突出过程,两相流的运动状态不同。

关于参与做功的瓦斯量,学者们看法不一。法国的耿尔等认为煤体内部游离瓦斯压力是发动突出的主要力量,解吸的吸附瓦斯仅参与突出煤的搬运过程[17, 155]。尼科林认为,只有游离瓦斯参与突出,且在突出的各个过程中,参与的瓦斯量是不相同的[155]。参与破坏过程的瓦斯,只是从空隙空间涌向裂隙的游离瓦斯,约占游离瓦斯量的8%。文光才等[155]指出前人的研究只考虑了参与突出过程做功的瓦斯量随瓦斯含量变化而变化这一方面,将参与突出过程做功的瓦斯量与其瓦斯全量或游离瓦斯含量的比值看作一定常量,而未考虑突出过程做功的瓦斯量还要随煤的破碎程度变化而变化。李萍丰[152]认为瓦斯压力的升高是突出时局部渗透性低,煤体中大量瓦斯解吸的结果。胡千庭和文光才[156]认为解吸瓦斯是煤体持续抛掷和搬运突出煤体的主要动力,突出时巷道空间内的阻力大小影响到煤体解吸时的边界压力,从而影响解吸速度的大小。Wang[4]认为瓦斯解吸速度是影响突出岩体破碎的重要因素,不同的煤岩性质导致不同的突出阈值,从而需要不同大小的瓦斯压力和解吸速度。姜海纳[26]认为突出过程会对煤体孔隙造成损伤,使得解吸速度增大,提供突出发展的能量。

1.3　存在的问题

通过对上述文献的整理分析可以发现,虽然国内外学者在损伤煤体孔隙结构分析、吸附/解吸特性观测及扩散模型表征、突出孕育及发展理论等方面已取得了众多的理论和实验成果,但在瓦斯解吸扩散与突出的联系上仍忽略了一些重要因素,主要问题如下:

1) 在测试煤粒吸附/解吸特性以及孔隙结构参数时,由于某些原因文献中会出现与原分析理论相悖的结果,如在 Langmuir 经验模型的使用、压汞滞后环和液氮滞后环的差异及孔形解释等方面都存在一定的误区。此外文献中的一些现象,如不同粒径煤粒吸附常数 a 值和 b 值(见第 2 章 2.3 节)的变化趋势、极限粒径与基质尺度的比较、表观扩散系数与表观渗透率的关系等问题尚缺少足够的整理和深入的对比,从而无法完整、系统地认识破碎损伤过程中煤粒孔隙结构以及吸附/解吸特性的变化。

2) 煤是由基质和裂隙组成的多孔介质,以往学者在研究破碎损伤过程中瓦斯解吸特性的变化时,主要从解吸的表观现象去分析问题,或用一些经验模型,或用经典的单孔、双孔模型去拟合得出一定的结果。在分析解吸曲线变化时多定性地分析孔隙变化对瓦斯解吸曲线的影响,而并没有将扩散系数定量地表征为含有孔隙结构参数的数学形式。另外,扩散系数这种均一化的假设并未充分考虑基质和裂隙的先后破坏关系,所以对于破碎过程中煤体孔隙的结构参数变化与解吸曲线的形态变化之间尚缺少明确的数学模型作为桥梁。

3) 我国突出事故调查中所记录的突出瓦斯量并不是短时间内对突出煤体做搬运功的有效瓦斯,瓦斯对突出的有效与否并不在于量的大小,而在于其释放速度的快慢。因此,对于突出发展过程中有效瓦斯量的实际大小需要深入研究。

4) 在分析突出过程中瓦斯来源时,多数学者忽略了煤粉极速解吸现象,即忽略了煤体破碎的过程对瓦斯解吸速度的提升。因而未考虑突出煤体内源瓦斯的产生,把多数注意力集中在了外源瓦斯上,认为突出的大量瓦斯是突出煤体周围区域裂隙渗流产生的。故缺乏一种判据对突出过程中解吸瓦斯的参与情况或所起作用进行综合表征,仍需深化突出发动及发展理论。

1.4 主要研究内容及思路

1.4.1 主要研究内容

本书主要研究煤体孔隙损伤机制对瓦斯解吸特性的影响,并探究解吸瓦斯在煤与瓦斯突出中的作用。主要包含以下内容:

1) 破碎过程对煤粒孔隙的损伤机制

开展不同粒径煤样的工业分析及堆积密度测定,总结粒径变化对煤粒内在成分及宏观堆积特征的影响;采用压汞法、液氮吸附法开展不同粒径煤粒的孔隙结构实验,分析瓦斯在煤中的储存场所与扩散通道;利用扫描电子显微镜(SEM)实验方法对不同粒径煤粒的表观孔裂隙形状及分布特征进行观测。

2) 煤粒孔隙系统和裂隙系统相互关系对解吸特性的控制作用

根据压汞及低温液氮吸附实验的孔隙分布测定结果,采用分形维数等方法,对不同粒径煤粒的裂隙及孔隙系统进行尺度划分;根据裂隙渗透率和孔隙渗透率的关系,建立可以描述解吸过程中总体渗透特性变化的解吸双渗关系控制模型;根据瓦斯在不同孔隙尺度下流动的特征,推导适用于孔隙系统及渗透系统的瓦斯流动方程,并构建可以同时表征两种流动的总体模型。

3) 引入孔隙几何参数的时变菲克扩散系数的数学模型的建立

开展不同粒径煤粒的瓦斯吸附/解吸动力学规律实验,获得不同粒径煤体的瓦斯吸附常数、解吸规律;根据瓦斯解吸曲线,获得瓦斯解吸过程中的扩散系数随时间的变化规律;根据分子扩散行为学,构建考虑孔型损伤的时变菲克扩散系数的数学模型,获得不同孔长、孔半径条件下煤样的扩散系数变化规律;引入时变菲克扩散系数,建立适合描述突出中煤粉极速解吸特性的短时间单孔解吸扩散优化模型。

4) 解吸瓦斯在突出中的作用分析

通过对突出能量形式及大小的分析,以及对突出过程的简化,获得突出过程中的各形式能量的大小;根据粉煤水平管道输运工程的相关理论,获得大尺度下煤与瓦斯突出气固两相流终止的临界流速;利用煤粒粒径与解吸速度的关系,得出不同粒径煤粒在特定时间段内产生的瓦斯膨胀能大小;根据中梁山等突出实验的具体参数,确定搬运突出煤粉的最小突出粒径,并与现场突出粒径分布进行对比,从而验证煤粉存在的必要性及合理性。

1.4.2 研究思路

本书主要运用吸附科学、渗流力学、岩石力学、断裂力学和管道输运力学等方法,采用理论分析和实验室实验相结合的手段,围绕煤体孔隙损伤机制对瓦斯解吸特性的影响以及解吸瓦斯在煤与瓦斯突出中的作用进行了深入细致的研究。

本书首先对不同粉化程度煤体吸附解析特性进行了测定,然后对其内在控制机制及影响因素进行了剖析。研究获得了破碎过程中煤粒孔隙的损伤机制、煤体双孔系统分界孔径尺度以及解吸扩散系数随时间的变化规律。从双孔渗透角度,构建了描述渗透扩散流动形式的总体模型,并建立了考虑孔型损伤的时变菲克扩散系数的数学模型以及适合描述突出中煤粉极速解吸特性的短时间单孔解吸扩散优化模型。最后通过对现场突出的能量形式及大小的分析,获得了用于搬运突出煤粉的最小突出粒径,并与现场突出粒径分布进行了对比验证。本书的研究工作深化了对煤与瓦斯突出中瓦斯作用的认识,验证了煤粉存在的必要性及合理性。研究技术路线如图 1-6 所示。

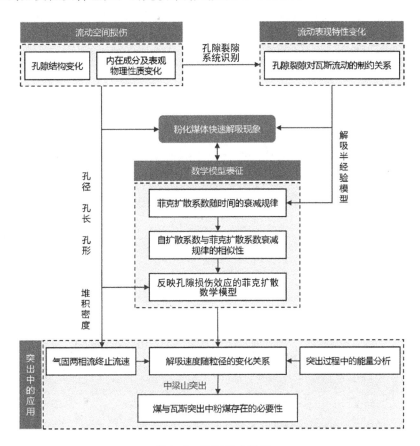

图 1-6　研究技术路线

2　粉化煤体瓦斯快速解吸的宏观特性

　　煤体瓦斯的吸附解吸特性与粉化程度的关系是分析突出过程中瓦斯作用的基础。本章首先根据需要制备不同粒径的实验煤样,依托工业分析实验获得煤的水分、灰分和挥发分等基本物性参数;利用堆积密度实验,获得突出后煤粉堆积的一般特性,为后文研究突出煤粉的输运特性作铺垫;采用常规高压等温吸附实验及常压等温解吸实验,对三种变质程度六种粒径煤粒的宏观吸附解吸特性进行测定,详细给出不同粉化程度煤体瓦斯解吸特性的变化规律,为后文分析其内在控制机制奠定基础。

2.1　样品的制取

　　为充分说明不同种类煤解吸特性在突出中的作用,实验分别从柳塔 1^{-2} 煤(LT)、双柳 3 煤(SL)及大宁 3 煤(DN)三个煤层选取了三种具有不同变质程度的煤样,分别为长焰煤、焦煤及无烟煤。在收集完成后对煤样进行破碎及筛分处理,形成<0.074 mm、0.074～0.2 mm、0.2～0.25 mm、0.25～0.5 mm、0.5～1 mm 和 1～3 mm 六种粒径的煤样(图 2-1)。

(a)　　　　　　　　　　　　　　　(b)

图 2-1　煤样的制取

2.2　粉化煤体的基本物性参数

2.2.1　工业分析

煤的内在成分决定了煤孔隙表面与瓦斯分子的作用力,是研究吸附常数及解吸性能的基础,本小节采用工业分析法分析煤的各种组分构成。工业分析实验参照标准《ISO 17246:2010》(Coal—Proximate analysis),测试时选取各粒径煤样约 1 g,分成平行的两组,分别装入工业分析仪的水灰坩埚和挥发分坩埚中,对其中的水分、灰分及挥发分进行对比分析,实验结果取两者的均值。在绘制等温吸附曲线时,需要用到空气干燥煤样水分(M_{ad})、干燥基灰分(A_d)及干燥无灰基煤样挥发分(V_{daf})三种参数(如不特别指出,后文中的水分、灰分和挥发分均指此三种参数),其可以有效减少煤体其他成分差异的干扰,故将实验原始数据进行选择处理,得到如表 2-1 所示的结果。

表 2-1　不同粒径煤样工业分析测定结果

粒径 /mm	柳塔煤样			双柳煤样			大宁煤样		
	M_{ad} /%	A_d /%	V_{daf} /%	M_{ad} /%	A_d /%	V_{daf} /%	M_{ad} /%	A_d /%	V_{daf} /%
<0.074	4.30	13.75	40.68	1.21	10.37	22.35	3.83	24.14	10.44
0.074~0.2	6.27	11.71	40.53	1.07	19.67	26.6	4.00	24.51	9.39
0.2~0.25	6.21	11.30	41.02	0.83	17.61	32.14	4.08	29.87	9.62
0.25~0.5	13.51	12.76	42.40	0.99	21.78	32.42	3.99	26.98	9.05
0.5~1	14.62	11.71	43.38	0.79	11.61	30.46	3.98	40.42	10.91
1~3	13.18	19.71	43.63	0.61	13.22	30.34	3.87	39.78	11.98

注:M 代表水分,A 代表灰分,V 代表挥发分,下标 ad 代表空气干燥煤样,下标 d 代表干燥基,下标 daf 代表干燥无灰基煤样。

绘制不同粒径煤样的成分变化图,如图 2-2 所示。对于水分含量,柳塔煤样中的水分含量随着粒径增大而增大,从 4.30% 增大到 14% 左右;而双柳煤样的水分含量则随着粒径增大有略微下降的趋势,从 1.21% 降到了 0.61%;大宁煤样则保持在 4% 左右,水分含量较为稳定。对于灰分含量,各煤样变化没有明显的规律。柳塔煤样灰分在 12% 左右波动,至 1~3 mm 时激增至 19.71%;双柳煤样灰分从 <0.074 mm 时的 10.37% 增大到 0.074~0.2 mm 的 19% 左右,后在 0.5~1 mm 时又降至 11.61%,最后在 1~3 mm 时又小幅提升至 13.22%;大宁煤样灰分则随着粒径升高有一定的增大趋势,其从最小粒径的 24.14% 波动增加到 0.25~0.5 mm 时的 26.98%,之后极速增大,在 0.5~1 mm 时灰分含量达到了 40% 左右并稳定了下来。对于挥发分含量,各煤样保持着很好的水平波动状

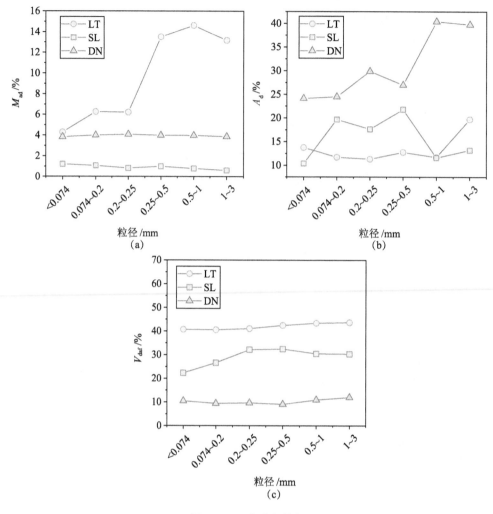

图 2-2　工业分析结果

态,说明粒径对其影响不大。柳塔、双柳和大宁煤样分别在 40%、30% 和 10% 左右波动。由于挥发分含量反映了煤的变质程度,挥发分含量越低,变质程度就越高。所以从这点可以看出,三种煤样的变质程度为:大宁＞双柳＞柳塔,这与煤的实际种类相符。

2.2.2　堆积密度

　　堆积密度表征松散煤粒在堆积状态下单位体积的质量。在粉化煤体输运过程中,其是描述气固两相流状态的重要参数,故对描述突出过程中煤粉瓦斯终止流态及启动流速有着重要作用。本次实验对各煤样不同粒径的堆积密度进行测试,测试时向量筒中导入一定体积的实验煤样,并振荡摇匀。分别测试装样前与装样后的量筒质量,进而得出样品的堆积密度,重复实验三次,最终取平均值作为实验结果,实验方法如图 2-3 所示。

　　不同粒径煤样堆积密度测试结果如表 2-2 及图 2-4 所示。可以发现各堆积密度在

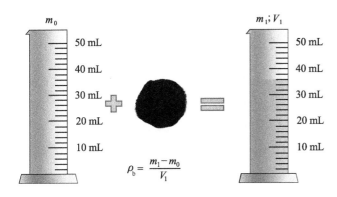

图 2-3　堆积密度测定方法

$0.56 \sim 1.04\ \mathrm{t/m^3}$ 之间变化,其范围要小于通常意义上的假密度和真密度。三种煤样的堆积密度大体上随着粒径的增大而呈先增大后减小的趋势,最大的堆积密度均出现在中间粒度条件下。柳塔煤样堆积密度最大为 $0.25 \sim 0.5\ \mathrm{mm}$ 处的 $0.83\ \mathrm{t/m^3}$,双柳煤样最大为 $0.5 \sim 1.0\ \mathrm{mm}$ 处的 $1.02\ \mathrm{t/m^3}$,大宁煤样最大为 $0.25 \sim 0.5\ \mathrm{mm}$ 处的 $1.04\ \mathrm{t/m^3}$。而最小的堆积密度均出现在 $<0.074\ \mathrm{mm}$ 处,三种煤样分别为 $0.63\ \mathrm{t/m^3}$、$0.70\ \mathrm{t/m^3}$ 和 $0.56\ \mathrm{t/m^3}$。需要指出的是,由于堆积密度除了受颗粒大小影响,还受到如颗粒形状、振荡条件、压实状态、所含水分等因素的影响,所以实验所得的规律趋势较差。但此数据足以确定大致的堆积密度取值范围,从而在后文中计算突出能量时加以应用。

表 2-2　不同粒径煤样堆积密度测试结果

煤样	堆积密度 t/m³					
	$<0.074\ \mathrm{mm}$	$0.074 \sim 0.2\ \mathrm{mm}$	$0.2 \sim 0.25\ \mathrm{mm}$	$0.25 \sim 0.5\ \mathrm{mm}$	$0.5 \sim 1\ \mathrm{mm}$	$1 \sim 3\ \mathrm{mm}$
柳塔	0.63	0.78	0.73	0.83	0.82	0.78
双柳	0.70	0.86	0.90	0.80	1.02	0.83
大宁	0.56	0.82	0.84	1.04	0.86	1

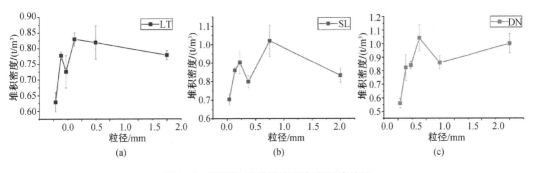

图 2-4　不同粒径煤样堆积密度测试结果

2.3　粉化程度对煤体瓦斯吸附特性的影响

瓦斯吸附能力的大小是决定特定平衡压力下瓦斯解吸量的重要参数,一般认为煤在给定温度压力下的极限吸附量就是其极限解吸量。瓦斯在煤中的赋存主要有吸附态和游离态两种形式,其中吸附态的瓦斯占瓦斯总量的80%~90%。煤对瓦斯的吸附是一种可逆的物理吸附过程,其吸附的瓦斯量和脱附时解吸的瓦斯量基本相同。学界一般用等温吸附曲线来表征多孔介质对吸附气体的吸附性能,其表示在某一固定温度下,多孔介质对吸附气体吸附量随气体压力变化的曲线。目前共有Ⅰ~Ⅵ六大类等温吸附曲线,而煤对瓦斯在低压(6 MPa以下)下的吸附曲线符合第Ⅰ类曲线,可以用Langmuir方程进行拟合:

$$q = \frac{abP}{1+bP} \tag{2-1}$$

式中　P ——平衡压力;

　　　q ——在平衡压力P下的吸附量,m^3/t;

　　　a ——吸附常数,表征某一温度下煤对瓦斯的最大吸附量,m^3/t;

　　　b ——吸附常数,表征吸附量随压力变化的快慢程度,MPa^{-1}。

在石油天然气界,有着具有同样意义且应用更为广泛的Langmuir方程形式,即:

$$q = \frac{V_L P}{P_L + P} \tag{2-2}$$

式中　V_L ——Langmuir体积,意义与a值相同,m^3/t;

　　　P_L ——Langmuir压力,是吸附量达到极限吸附量一半时的吸附平衡压力,与b值互为倒数,MPa。

煤对瓦斯的吸附是一种多分子层吸附行为,而Langmuir方程是在单分子层假设基础上建立的,原用于描述金属对氧气、一氧化碳等化学吸附行为。但在大量实验过程中发现,Langmuir方程对于某些多孔介质对气体的物理吸附行为也有着很高的拟合度,所以工程上常用于说明某些多孔介质对气体的吸附特性。工程及科学界对拟合出的a值或V_L值认可度较高。但是Langmuir方程只能当作一个经验公式进行拟合使用,研究其更深的含义则显得没有意义。

本书参考我国国家标准《煤的高压等温吸附试验方法》(GB/T 19560—2008)和行业标准《煤的甲烷吸附量测定方法(高压容量法)》(MT/T 752—1997)对柳塔、双柳及大宁三种变质程度,<0.074 mm、0.074~0.2 mm、0.2~0.25 mm、0.25~0.5 mm、0.5~1 mm及1~3 mm六种粒径煤样进行30 ℃条件下的吸附常数测定实验,实验结果如图2-5至图2-7所示。各煤样吸附常数a值和b值变化均没有明显的趋势,呈波动状(图2-8)。柳塔煤样的a值变化范围为27.57~30.64 m^3/t(分别在<0.074 mm粒径处和0.25~0.5 mm粒径处),b值变化范

围为 $0.86 \sim 2.16$ MPa^{-1}(分别在 <0.074 mm 粒径处和 $1 \sim 3$ mm 粒径处);双柳煤样的 a 值变化范围为 $22.34 \sim 25.87$ m^3/t(分别在 $0.25 \sim 0.5$ mm 粒径处和 $0.2 \sim 0.25$ mm 粒径处),b 值变化范围为 $0.25 \sim 1.31$ MPa^{-1}(分别在 $1 \sim 3$ mm 粒径处和 <0.074 mm 粒径处);大宁煤样的 a 值变化范围为 $56.96 \sim 61.74$ m^3/t(分别在 $0.5 \sim 1$ mm 粒径处和 <0.074 mm 粒径处),b 值变化范围为 $0.95 \sim 1.88$ MPa^{-1}(分别在 <0.074 mm 粒径处和 $1 \sim 3$ mm 粒径处)。

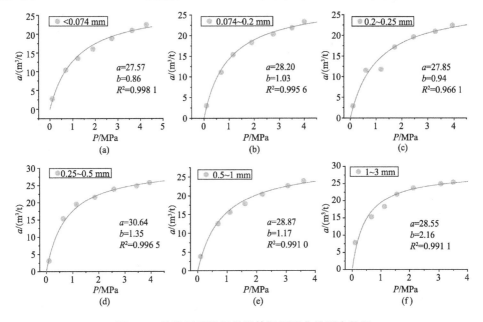

图 2-5　柳塔不同粒径煤样等温吸附曲线测定结果

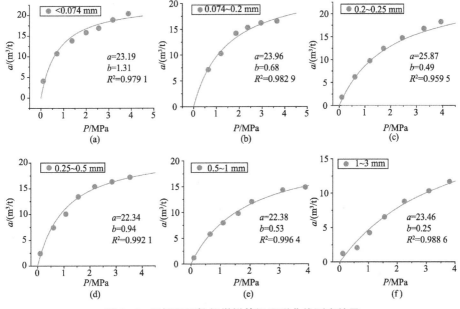

图 2-6　双柳不同粒径煤样等温吸附曲线测定结果

(注:R 为拟合度)

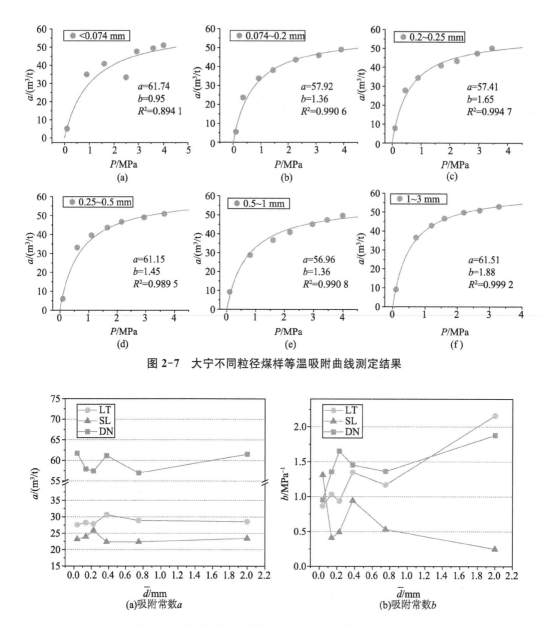

图 2-7 大宁不同粒径煤样等温吸附曲线测定结果

图 2-8 不同煤样吸附常数 a 值和 b 值随粒径变化对比

目前文献中观察到的 a 值随粒径变化趋势主要有三种:

1) 随着粒径减小 a 值逐渐增大。该结论是结合煤比表面积及孔隙发育随粒径变化情况进行解释的。诚然,如果煤是一种理想的均质球体,吸附作为一种表面物理现象,那么随着粒径减小其吸附能力应是随着煤表面积的变化呈指数型增长趋势[26,69,157]。这种观点单纯考虑了煤孔隙的变化特征,结果更为理想化。

2) 随着粒径减小 a 值不变或变化不大。一般认为,煤中的微孔系统决定了煤的吸附能力,而 a 值是体现煤吸附能力大小的参数。在煤破碎的过程中,煤的双孔特性决定了煤的微孔受到的损害是有限的,所以 a 值变化不大[24, 47]。这种观点单纯考虑了煤的双孔特性,有一定的借鉴意义。

3) 无规则变化。Busch 等[27]认为粒径对煤体瓦斯吸附能力的影响是煤中显微组分、矿物组分及孔隙特征等因素的多重作用结果。随着粒径增大,吸附能力强的镜质组增多,煤粒吸附能力变强;但同时,煤粒中的灰分等矿物成分增多,使得煤粒吸附的孔道堵塞,吸附性能下降[29]。图 2-9 给出了加灰分修正后各煤样 a 值随灰分大小的变化规律,可以看出除双柳煤样个别点存在差异之外,整体上灰分越高 a 值越低。此外,小粒径煤粒具有发育更好的孔隙系统,破碎会产生大量新生的大孔,封闭的微孔也会被打开,因此其吸附性能增强。上述因素的相互作用,使得煤的吸附能力呈现出不可预见的变化趋势。这种观点更加全面地考虑了煤非均质的特性,显得更加合理。在本书中观察到的结果,正好也验证了这种观点。应该指出的是,不同的煤样吸附能力的变化趋势可能不同,一种普遍意义的规律是不可靠的。

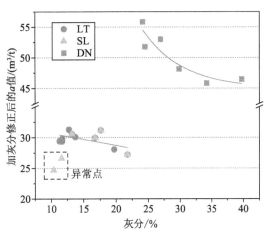

图 2-9 各煤样 a 值(加灰分修正后)随灰分大小的变化趋势

2.4 粉化程度对煤体瓦斯解吸特性的影响

在文献中存在大量不同粒径的解吸实验结果,其规律大致相同,即在某一临界粒径以下,随着粒径的减小解吸量逐渐增大,初期解吸速度也逐渐增大。解吸实验流程如图 2-10 所示,首先将实验煤样进行破碎,用标准筛分别筛分成<0.074 mm、0.074~0.2 mm、0.2~0.25 mm、0.25~0.5 mm、0.5~1 mm 以及 1~3 mm 粒径的试样适量;将筛分好的煤样装入解吸罐中,后放入 60 ℃恒温水浴中进行真空脱气;脱气真空度降至 4 Pa 后,从甲烷罐中向解吸罐中迅速充入纯度 99.8%以上的甲烷,然后放入 30 ℃恒温水浴中进行吸附平衡(模拟井下实际的解吸环境温度)。煤样吸附平衡后,在 30 ℃恒温水浴中进行解吸实验测定。将解吸罐阀门快速打开,在解吸罐中气体压力降至常压时迅速与甲烷解吸仪连接,利用甲烷解吸仪测定煤样解吸出的甲烷体积,在解吸初期每 30 s 进行一次读数,之后可以根据甲烷解吸快慢将时间间隔适当延长,同时记下气压计示数,将解吸量转换为标准状态下的体积。统计分析煤样的解吸数据,绘制出解吸曲线。之后利用测得的吸附常数 a 值和 b 值计算该平衡压力下的极限解吸量或者利用解吸曲线的形态推算趋近的极限解吸量,得出解吸分数随时间的变化规律。

图 2-11 给出了柳塔、双柳及大宁煤矿在不同粒径和不同平衡压力下的解吸分数变化曲线。为了确保平衡压力的一致性,在平衡时采用多次放气、逐渐逼近的方法调整至目标

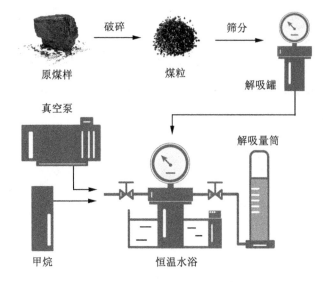

图 2-10 解吸实验流程图

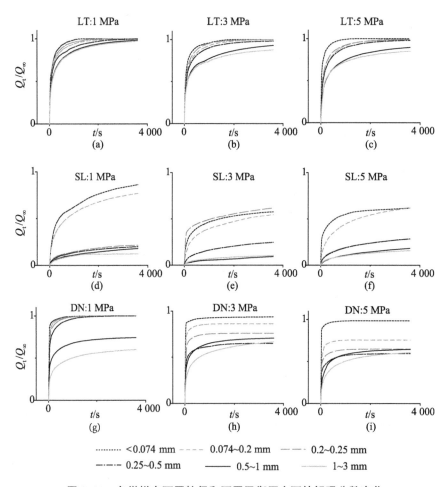

图 2-11 各煤样在不同粒径和不同平衡压力下的解吸分数变化

压力。从图中可以发现,实验煤样的解吸规律与文献中常规的解吸规律相似。对于同一粒径煤样,固定时间段内煤样的解吸分数随着平衡压力上升而逐渐减小(与累计解吸量的变化趋势相反),说明平衡压力越大扩散系数越小的特性;而对于同一平衡压力,固定时间段内煤样的解吸分数随着粒径的增大而逐渐接近1,解吸曲线也逐渐靠近y轴方向,表明解吸速度极速增大。柳塔煤样和大宁煤样在解吸初期便产生了较大的解吸分数,随后解吸速度迅速较小,解吸逐渐趋于平衡状态。而双柳煤样的解吸速度变化较为平缓,此特征造成其解吸时间的大幅增加,表观上趋近于平板流的特征。此外,粒径的破坏作用对每种煤样的解吸速度贡献不同,对于完全解吸时间更长的煤样来说,这种差异会变得更大。

而对比累积的解吸量发现,在60 min时刻,实验压力下柳塔煤样<0.074 mm粒径的累计解吸量在1 MPa、3 MPa和5 MPa下,分别是相应1~3 mm粒径的1.66倍、1.89倍和1.72倍;类似地,大宁煤样60 min的累计解吸量最小粒径是最大粒径的1.71倍、1.87倍和2.36倍;而双柳煤样60 min的累计解吸量,则显示出了较大的差异性,<0.074 mm煤样是1~3 mm煤样的6.79倍、6.36倍和4.9倍,远远高于其他两者(图2-12)。

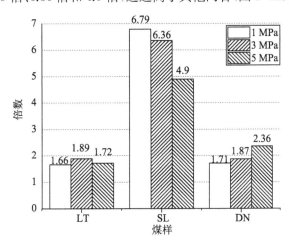

图 2-12 最大粒径和最小粒径 60 min 累积解吸量倍数变化

煤体的双孔特性决定了煤体存在一定的解吸极限粒径[67, 109]。普遍认为,在相同压力下,煤粒在某一极限粒径以上时解吸速度基本一致;当粒径减小到极限粒径以下时,煤粒解吸速度随粒径减小而急剧升高。以影响突出的第一分钟的煤粒瓦斯解吸速度为例,绘制其平均值与粒径的变化图,如图2-13所示。从图中可以发现,与杨其銮等研究的结果一致[67, 69, 74],三种煤样都出现了不同的极限粒径。周世宁[77]认为煤粒的极限粒径d_L的范围一般为0.5~10 mm,基本在毫米级别。就三种煤样来说,其d_L的范围大致也在这个范围内,且吸附平衡压力对这三种煤样极界粒径的影响不大(图2-14)。柳塔煤样三种平衡压力下临界粒径基本维持在0.75 mm左右,未产生大的变化;大宁煤样则在5 MPa时,临界粒径略有下降,由0.7 mm下降到0.45 mm左右;而双柳煤样的极限粒径随平衡压力的升高呈缓慢的递减趋势,分别为0.6 mm,0.55 mm和0.4 mm左右。

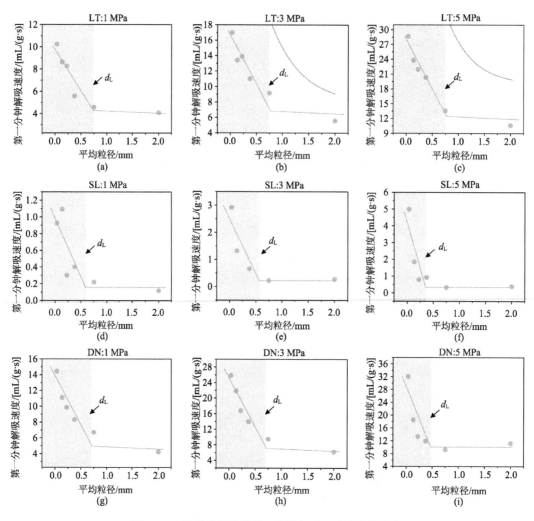

图 2-13 不同粒径煤样第一分钟解吸平均速度的变化

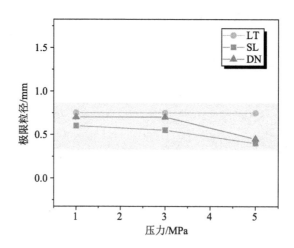

图 2-14 不同平衡压力下极限粒径的变化

2.5　本章小结

本章对不同粉化程度煤体瓦斯吸附解吸特性的变化进行了实验研究,对粉煤快速解吸的宏观表现进行了初步的探讨。主要得出了以下结论:

1) 工业分析实验显示:对于水分和灰分含量,三种变质程度的不同粒径煤粒没有统一的变化规律;而对于挥发分含量,各煤样保持着很好的水平波动状态,说明粒径对其影响不大。堆积密度测试结果显示:三种煤样堆积密度在 $0.56\sim1.04$ t/m³ 之间变化,堆积密度大体上随着粒径的增大而呈先增大后减小的趋势,最大的堆积密度均出现在中间粒度条件下。

2) 不同粒径煤样的吸附常数 a 值和 b 值没有明显的变化趋势,呈波动状。其与破碎过程中煤粒显微组分、矿物组分等成分的不均匀破坏及分布有关。柳塔煤样的 a 值变化范围为 $27.57\sim30.64$ m³/t, b 值变化范围为 $0.86\sim2.16$ MPa⁻¹;双柳煤样的 a 值变化范围为 $22.34\sim25.87$ m³/t, b 值变化范围为 $0.25\sim1.31$ MPa⁻¹;大宁煤样的 a 值变化范围为 $56.96\sim61.74$ m³/t, b 值变化范围为 $0.95\sim1.88$ MPa⁻¹。

3) 不同粒径解吸实验显示,在极限粒径以下,随着粒径的减小解吸量逐渐加大,初期解吸速度也逐渐加大;而在极限粒径以上,煤粒的解吸速度基本一致。而对于不同的平衡压力,固定时间段内煤样的解吸分数随着平衡压力的上升而逐渐减小。三种煤样的极限粒径均在 $0.5\sim1$ mm 左右,且随压力变化不大。

3 粉化程度对煤粒孔隙的损伤机制

煤的孔隙结构是决定瓦斯宏观吸附解吸特性的本质因素,其决定了瓦斯分子的扩散路径及扩散阻力。本章依托电子显微镜扫描实验,获得粉煤的表观孔隙裂隙形态特征;依托压汞实验,获得粉煤的大、中孔孔隙分布定量特征;依托液氮实验,获得粉化煤体的小、微孔孔隙分布定量特征。通过对比及分析不同粉化煤体压汞及液氮滞后环的形成机制,得到煤粒孔隙形态的变化规律;通过对孔形状的均一化假设,获得不同粒径煤粒的孔容、孔比表面积及孔长等几何参数。总结粉化过程中煤中孔隙的损伤规律,从微观上解释粉化煤体快速解吸现象的形成机制,为后文中定量化描述宏观解吸现象提供实验基础。

3.1 粉化煤体表面孔隙形态的变化特征

煤的表面孔隙形态一般通过光学显微镜进行观测,本节采用扫描电子显微镜实验进行测定,其可以通过高倍数的光学摄像给出煤粒表面微米级裂隙及大孔的形态特征。实验时将适量粉状煤样均匀地粘于专用底座上,由于煤导电性较差,需对其进行喷金处理,以防止静电积累,并可提高成像对比。之后放入 FEI Quanta 250 型号电镜扫描仪中,采用高真空模式对煤样表面孔隙裂隙发育情况进行观察。为了减少实验冗余,实验只对比了最大粒径(1~3 mm)与最小粒径(<0.074 mm)煤样的扫描电镜结果,如图3-1 至图 3-3所示。从中可以发现柳塔、双柳和大宁煤样在 1~3 mm 粒径时均出现了明显的裂隙,而在<0.074 mm 粒径时裂隙并不明显,反而孔隙的发育更好。据此可以得出粉化过程先期作用于开度较大或应力集中区域明显的裂隙系统,后期才对孔径较小的孔隙系统进行改造。

对比三种煤样的扫描电子显微镜图像,还可以发现双柳煤样的表面最为平整,所具有的裂隙多为交叉状的脆性张裂隙或剪裂隙,孔隙不发育,多为杏仁状或球状;柳塔煤样平整度次之,裂隙形态和孔隙形态与双柳煤样相似,但矿物颗粒填充物更为明显;大宁煤样表面存在大量鳞片状结构,同时伴生着大量热解气孔,这主要是因为大宁煤层受到了燕山期岩浆岩活动的热变质作用。从上述特征可以总结得出,实验煤样的孔隙发育状况基本为:双柳煤样<柳塔煤样<大宁煤样,这个结果可以由煤变质程度和孔隙的关系来解释。

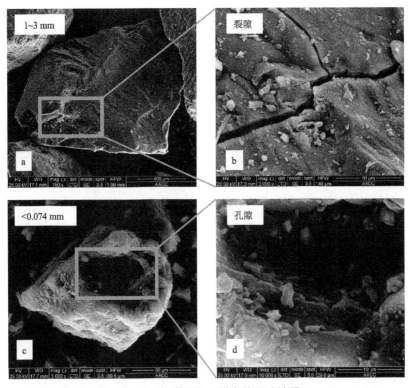

图 3-1 柳塔煤样扫描电镜实验结果

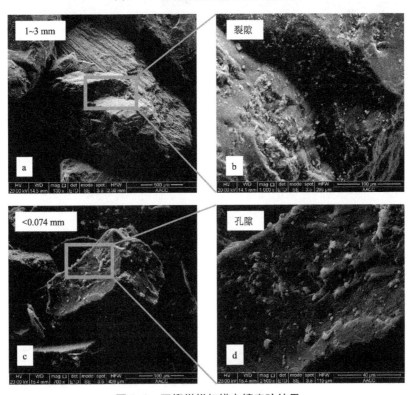

图 3-2 双柳煤样扫描电镜实验结果

图 3-3　大宁煤样扫描电镜实验结果

3.2　粉化煤体大、中孔分布及其结构形态特征

3.2.1　压汞实验

参照国际标准 *Evaluation of pore size distribution and porosity of solid materials by mercury porosimetry and gas adsorption-Part 1：Mercury porosimetry*（ISO 15901-1：2005），利用美国康塔公司设计制造的 Pore Master-33 型号自动压汞仪对不同粒径的煤样进行孔隙结构特性分析测定，该仪器低压站的测试范围为 1.5～350 kPa，高压站测试范围为 140 kPa～231 MPa，测量孔径范围为 7～10 000 nm。依据 Washburn 公式，从进汞体积及压力数据可以得到煤样的孔容、孔比表面积及孔长等分布特性，同时还能获得孔隙率、曲折度等反应孔隙结构特征的参数。由于高压段压汞压力会对孔基质进行压缩，形成更大的孔容，进而对实验结果造成影响，所以压汞实验多用来获取大中孔的结构及分布特性[158]。

图 3-4 至图 3-6 绘出了压汞实验中不同粒径煤样的进、退汞曲线。对比三种煤样可以发现：对于大粒径煤样进、退汞曲线在高压段（尾部）呈翘起状；而对于小粒径煤样，曲

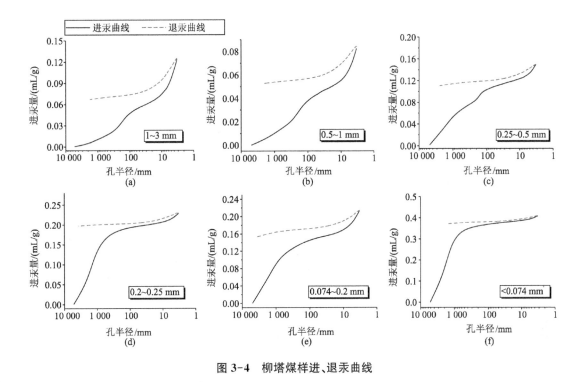

图 3-4 柳塔煤样进、退汞曲线

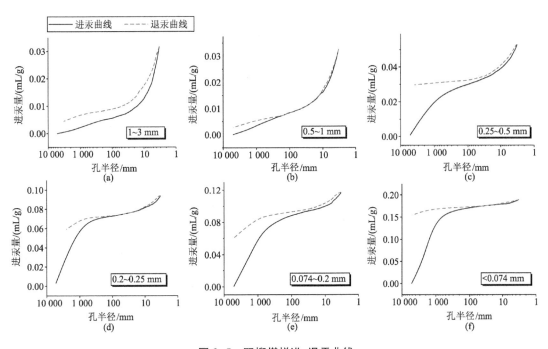

图 3-5 双柳煤样进、退汞曲线

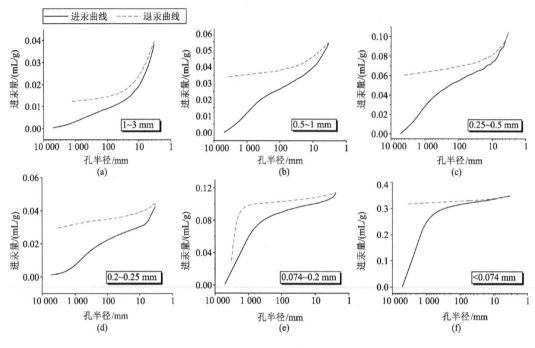

图 3-6　大宁煤样进、退汞曲线

线在高压端呈现水平分布。这主要是低压区(大孔径段)大量进汞造成的,其反映了小粒径煤体大孔径段孔容激增的现象。观察各曲线的进、退汞滞后环(迟滞现象),可以大致获得煤体孔隙的一些结构特征。目前对压汞滞后环的解释存在争议:有解释认为汞注入细孔的接触角(前进接触角)和从细孔流出来的接触角(后退接触角)不同,在最初注汞时汞不受孔壁面作用的支配,但在退汞时在一定程度上与壁面作用有关系,需要更大的压力使之退出[45,159];也有解释为存在墨水瓶状的瓶颈孔,汞先进入瓶颈孔会使注汞压力显著升高,从而造成计算的孔径小于未有瓶颈孔存在的开口孔孔径[160];还有解释认为注汞压力对孔隙结构造成破坏,使得孔结构产生了不可逆的变化,形成了滞后环差异[45]。需要注意的是,虽然上述解释中出现了墨水瓶状的瓶颈孔的解释,但压汞曲线依然是在圆柱形孔的假设上得出的,相当于小半径圆柱孔与大半径圆柱孔相串联的墨水瓶状孔。而其他从压汞滞后环得出平板形孔、锥形孔等形状的结论是值得商榷的,不宜与液氮实验的孔形分析原理相混淆。

　　对比三种煤样的滞后环,发现双柳煤样的滞后环最小,大宁煤样和柳塔煤样相近。基于上述滞后环理论的分析,从不同角度可以得出以下结论:①双柳煤样微孔较柳塔、大宁煤样少,孔壁作用力弱,滞后环小(解释一);②柳塔、大宁煤样存在一定的墨水瓶状孔(解释二);③较之双柳煤样,压汞对柳塔、大宁煤样的孔隙结构产生了更大的破坏(解释三)。从压汞实验得出的压缩系数可以反映出煤基质所受的压缩效应的大小,也能从侧面反映出孔隙结构受到的破坏的大小,如表 3-1 所示。

表 3-1　压缩系数统计

煤样	压缩系数/(10^{-10} m²/N)						平均压缩系数/(10^{-10} m²/N)
	<0.074 mm	0.074～0.2 mm	0.2～0.25 mm	0.25～0.5 mm	0.5～1 mm	1～3 mm	
柳塔	4.46	7.17	4.30	6.26	4.56	7.88	5.77
双柳	2.35	3.15	2.16	2.38	2.17	2.28	2.41
大宁	8.05	2.46	2.15	5.03	3.43	2.84	3.99

　　压缩系数定义为每单位压力固体体积的相对变化量,其与煤的体积模量成反比[161]。柳塔煤样平均压缩系数为 $5.77×10^{-10}$ m²/N;大宁煤样次之,为 $3.99×10^{-10}$ m²/N;双柳煤样最小,为 $2.41×10^{-10}$ m²/N。说明双柳煤样受到的压缩效应最小,产生的孔隙变形也是最小,宏观表现出的滞后环亦是最小的。而柳塔煤样的大滞后环很可能是由于煤体基质压缩导致孔隙结构变化引起的。

　　而对于同一种变质程度不同粒径的煤样,滞后环形状的差异也主要体现在低压段,对于高压部分在统一纵坐标范围的情况下,形状基本一致(以大宁煤样为例,如图 3-7 所示)。这也说明就损伤过程来讲,并未对微孔的形态和结构造成太大的破坏。

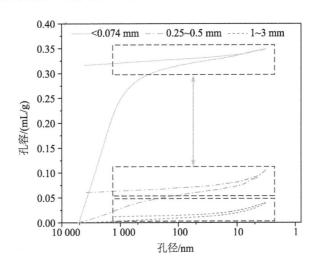

图 3-7　大宁煤样不同粒径滞后环对比

　　从压汞实验中还可以得到煤粒的孔隙率和曲折度大小,这两个参数常用于表征多孔介质长时间菲克扩散系数的变化规律。如图 3-8(a)所示,各煤粒的孔隙率随着粒径的减小而大致呈增大趋势,说明煤粒损伤增加了开孔的数量。柳塔煤样从 1～3 mm 处的 8.9% 先降低至 0.5～1 mm 处的 5.7%,随后直线升高至<0.074 mm 处的 12.6%;双柳煤样从 1～3 mm 处的 3.6% 先波动至 0.5～1 mm 处的 2.8%,后又缓慢上升至<0.074 mm 处的4.1%;大宁煤样 1～3 mm 处的粒内孔隙率为 2.4%,后呈对数形式上升至<0.074 mm 处的 9.0%。

　　而对于曲折度,其随粒径变化的规律不明显,三种煤样均是在某一范围内[图 3-8(b)

阴影部分]波动,这说明控制煤粒曲折度的孔隙系统应是微孔系统,而微孔在煤粒损伤过程中并未受到大的破坏,所以煤样的曲折度并未产生大的变化。柳塔煤样曲折度最小值(1.80)出现在 0.25~0.5 mm 处,最大值(2.12)出现在 0.5~1 mm 处,平均曲折度为 2.0;双柳煤样最小值(1.76)出现在 0.2~0.25 mm 处,最大值(2.15)出现在 1~3 mm 处,平均曲折度亦为 2.0;大宁煤样最小值(1.95)出现在 0.2~0.25 mm 处,最大值(2.19)出现在 1~3 mm 处,平均曲折度为 2.04。所以在公式推导计算时可以取平均值 2 作为曲折度大小。

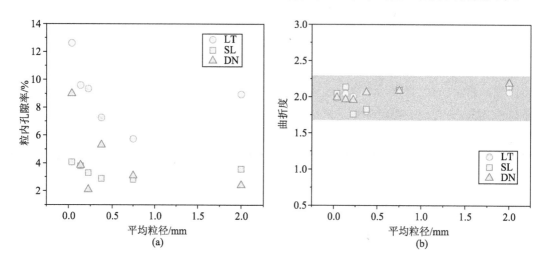

图 3-8　粒内孔隙率和曲折度随平均粒径的变化

3.2.2　煤粒损伤对大、中孔孔容分布的影响

国内煤炭学界常采用苏联时期学者霍多特的孔径分类方法来对煤孔隙系统进行划分,认为孔隙直径小于 10 nm 的为微孔,10~100 nm 的为小孔,100~1 000 nm 的为中孔,1 000 nm 以上的为大孔。在本书中亦采用此种孔径分类方法进行分析。

图 3-9 给出了最大粒径(1~3 mm)与最小粒径(<0.074 mm)煤样中大孔和中孔孔容的分布特性(其他粒径煤样的分布曲线形状与其相似)。从图中可以看出,破碎煤粒的损伤过程对煤粒的大孔孔容有明显的提升,对中孔的破坏作用却因煤样而各异。柳塔煤样<0.074 mm 的大孔孔容曲线要远高于 1~3 mm 的曲线,而中孔孔容曲线反而要稍低;双柳和大宁煤样<0.074 mm 的大、中孔孔容曲线则均比 1~3 mm 的曲线要高。对各粒径不同种类孔隙的孔容进行统计(表 3-2)可以发现,孔径越大,粒径对孔容的影响越明显。三种煤样的微、小孔孔容随粒径呈波动状变化,这种与粒径的非相关性现象也可以在柳塔煤样的中孔阶段观察到。双柳和大宁<0.074 mm 煤样的中孔孔容分别是相应 1~3 mm 煤样的 5.35 倍和 8.22 倍,而柳塔<0.074 mm 煤样的中孔孔容则是 1~3 mm 煤样的 0.86 倍。在大孔阶段,三种煤样的孔容均随着粒径的增大而呈减小趋势。柳塔、双柳和大宁<0.074 mm 煤样大孔孔容分别是相应 1~3 mm 煤样的 22.08 倍、47.27 倍和 55.38 倍。

从上述特性可以验证,粒径损伤过程中大孔系统受到的影响最大。对于煤粒的总孔容,粒径也对各煤样的扩容作用明显。柳塔、双柳和大宁<0.074 mm 煤样总孔容分别是相应 1~3 mm煤样的 3.30 倍、5.96 倍和 9.12 倍。

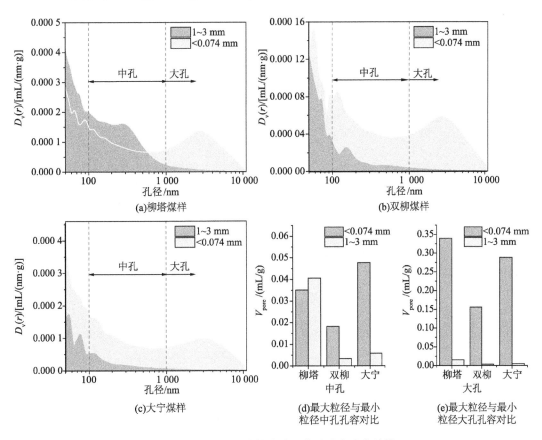

图 3-9　不同粒径煤样大孔和中孔孔容分布特性

表 3-2　不同种类孔隙孔容大小分布(压汞法)

煤样	粒径/mm	孔容/(mL/g)				
		微孔	小孔	中孔	大孔	总计
柳塔	<0.074	0.013	0.020 5	0.035 1	0.34	0.408 6
	0.074~0.2	0.024 9	0.036 2	0.039 8	0.112	0.212 9
	0.2~0.25	0.013	0.019 3	0.028 3	0.168 9	0.229 5
	0.25~0.5	0.016 4	0.023 1	0.045 4	0.064 7	0.149 6
	0.5~1	0.014 4	0.024 2	0.027 5	0.016 2	0.082 3
	1~3	0.029 2	0.038 6	0.040 6	0.015 4	0.123 8
双柳	<0.074	0.006 7	0.008 6	0.018 2	0.156	0.189 5
	0.074~0.2	0.008 8	0.015 8	0.019 4	0.072 4	0.116 4
	0.2~0.25	0.006 5	0.012 2	0.007 9	0.066 5	0.093 1

（续表）

煤样	粒径/mm	孔容/(mL·g)				
		微孔	小孔	中孔	大孔	总计
双柳	0.25~0.5	0.007 9	0.013 1	0.008 4	0.023 5	0.052 9
	0.5~1	0.009 2	0.013 8	0.004 5	0.005	0.032 5
	1~3	0.011 5	0.013 6	0.003 4	0.003 3	0.031 8
大宁	<0.074	0.004 3	0.008 2	0.047 7	0.288	0.348 2
	0.074~0.2	0.007 8	0.011	0.019 8	0.075 1	0.113 7
	0.2~0.25	0.007 3	0.010 4	0.012 2	0.012 8	0.042 7
	0.25~0.5	0.016 2	0.028	0.024	0.036 3	0.104 5
	0.5~1	0.006 6	0.017 8	0.012 2	0.017 6	0.054 2
	1~3	0.010 5	0.016 7	0.005 8	0.005 2	0.038 2

3.2.3 煤粒损伤对大、中孔比表面积分布的影响

根据压汞数据中圆柱形孔孔容和比表面积的关系，还能得到煤样比表面积的分布状况。图 3-10 对比了最大粒径（1~3 mm）与最小粒径（<0.074 mm）煤样中大孔和中孔比

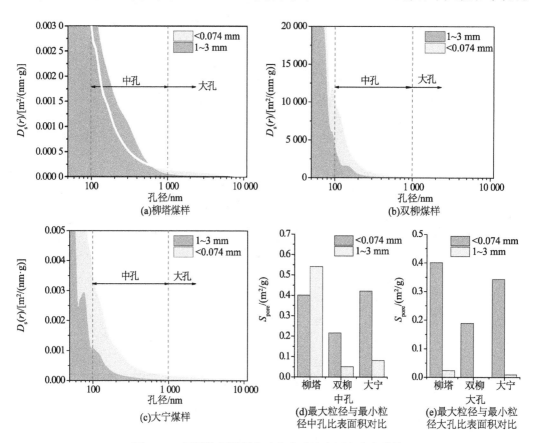

图 3-10 不同粒径煤样大孔和中孔比表面积分布特性

表面积的分布特性。从图中可以看出,孔比表面积的贡献主要来自小孔径阶段。在中孔阶段,柳塔煤样<0.074 mm 的孔比表面积曲线略低于 1～3 mm 的孔比表面积曲线,而双柳煤样和大宁煤样<0.074 mm 的孔比表面积曲线均高于 1～3 mm 的比表面积曲线。而在大孔阶段,三种煤样小粒径曲线均高于大粒径的曲线。

对各粒径不同种类孔隙的比表面积进行统计(表 3-3)可以发现,与孔容分布规律相似,孔径越大,粒径对孔比表面的影响越明显。三种煤样的微、小孔以及柳塔煤样的中孔比表面积与粒径呈非相关的波动状变化。而双柳和大宁煤样的大、中孔以及柳塔煤样的大孔比表面积随粒径的减小呈增加趋势。柳塔、双柳和大宁<0.074 mm 煤样中孔比表面积分别是相应 1～3 mm 煤样的 0.74 倍、4.24 倍和 5.12 倍;<0.074 mm 煤样大孔比表面积分别是相应 1～3 mm 煤样的 16.37 倍、337.50 倍和 37.28 倍。而三种煤样总孔比表面积与粒径也呈非相关的波动状变化。

表 3-3 不同种类孔隙比表面积大小分布(压汞法)

煤样	粒径/mm	孔比表面积/(m²/g)				
		微孔	小孔	中孔	大孔	总计
柳塔	<0.074	6.5	3.785	0.401	0.401	11.09
	0.074～0.2	12.32	7.373	0.46	0.147	20.3
	0.2～0.25	6.58	3.871	0.312	0.237	11
	0.25～0.5	8.24	4.22	0.559 4	0.080 6	13.1
	0.5～1	7.13	5.051	0.389 4	0.029 6	12.6
	1～3	14.48	8.054	0.541 5	0.024 5	23.1
双柳	<0.074	3.39	1.585	0.216	0.189	5.38
	0.074～0.2	4.38	3.187	0.239	0.094	7.9
	0.2～0.25	3.2	2.358	0.100 9	0.071 1	5.73
	0.25～0.5	3.96	2.522	0.111 1	0.026 9	6.62
	0.5～1	4.59	2.816 7	0.064 6	0.008 6	7.48
	1～3	5.71	2.993 5	0.050 9	0.000 56	8.75
大宁	<0.074	2.18	3.775	0.422	0.343	6.72
	0.074～0.2	4.04	1.856	0.237 4	0.096 6	6.23
	0.2～0.25	3.55	2.113	0.162 5	0.024 5	5.85
	0.25～0.5	8.25	5.792	0.308 2	0.049 8	14.4
	0.5～1	3.26	3.427	0.173 6	0.029 4	6.89
	1～3	4.6	3.798 4	0.082 4	0.009 2	8.49

3.2.4 煤粒损伤对大、中孔孔隙长度分布的影响

体积分布函数除以圆柱形孔的截面积便可以得到煤粒总孔长的变化,即孔长密度的变化。图 3-11 给出了最大粒径(1～3 mm)与最小粒径(<0.074 mm)煤样中大孔和中孔孔长密度的分布特征。与孔容和孔比表面积分布相似,除中孔阶段柳塔<0.074 mm 煤样的孔长密度曲线略低于 1～3 mm 的孔长密度曲线外,柳塔煤样大孔阶段、双柳和大宁<0.074 mm 煤样大孔和中孔阶段的孔长密度曲线均高于 1～3 mm 的曲线。由于单位体积内的煤粒个数及煤粒形状未能确定,所以煤粒的总孔长并不能得出,只可得到特定孔径下的孔长密度。表 3-4 给出了在孔隙类别分界点(10 nm、100 nm 和 1 000 nm)处的孔长密度大小。在 10 nm 处,各煤样的孔长密度均为 10^7 数量级,其中柳塔煤样和大宁煤样孔长密度随粒径变化不大,而双柳煤样孔长密度则随粒径减小而减小;在 100 nm 处,各煤样的孔长密度均为 $10^3 \sim 10^4$ 数量级,其中柳塔煤样孔长密度总体随粒径减小而减小,双柳煤样孔长密度随粒径减小而增大,大宁煤样孔长密度随粒径变化呈波动状变化,柳塔、双柳和大宁<0.074 mm 煤样100 nm 处的孔长密度分别是 1～3 mm 煤样的 0.58 倍、2.45 倍和 2.88 倍;在 1 000 nm 处,三种煤样的孔长密度为 $10^0 \sim 10^1$ 数量级,柳塔煤样从

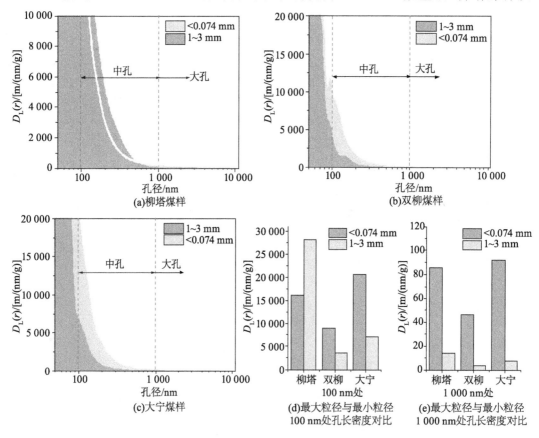

图 3-11　不同粒径煤样大孔和中孔孔长密度分布

14.42 m/(nm・g)增长到了 85.89 m/(nm・g)(5.96 倍),双柳煤样从 3.81 m/(nm・g)增长到了46.80 m/(nm・g)(12.28 倍),大宁煤样从 7.60 m/(nm・g)增长到了91.79 m/(nm・g)(12.08 倍)。

表 3-4　孔隙类别分界点处孔长密度统计(压汞法)

煤样	粒径/mm	孔长密度 /[m/(nm/g)]		
		孔径为 10 nm 处	孔径为 100 nm 处	孔径为 1 000 nm 处
柳塔	<0.074	4.75×10^7	1.62×10^4	85.89
	0.074~0.2	8.93×10^7	1.93×10^4	47.17
	0.2~0.25	5.10×10^7	1.28×10^4	76.25
	0.25~0.5	4.96×10^7	1.68×10^4	27.87
	0.5~1	7.18×10^7	2.06×10^4	26.40
	1~3	1.41×10^8	2.81×10^4	14.42
双柳	<0.074	1.94×10^7	9.06×10^3	46.80
	0.074~0.2	2.57×10^7	1.29×10^4	31.90
	0.2~0.25	2.87×10^7	6.64×10^3	20.14
	0.25~0.5	2.94×10^7	7.18×10^3	9.49
	0.5~1	3.59×10^7	4.20×10^3	6.20
	1~3	5.14×10^7	3.70×10^3	3.81
大宁	<0.074	2.46×10^7	2.06×10^4	91.79
	0.074~0.2	1.85×10^7	1.30×10^4	29.64
	0.2~0.25	4.56×10^7	7.47×10^3	21.61
	0.25~0.5	3.76×10^7	1.39×10^4	18.84
	0.5~1	3.63×10^7	1.68×10^4	16.84
	1~3	3.73×10^7	7.15×10^3	7.60

注:特定孔径下如无精确测量值,可取与该孔径最接近的孔长密度代替。

3.3　粉化煤体小、微孔分布及其结构形态特征

3.3.1　液氮实验

参照国际标准 *Pore size distribution and porosity of solid materials by mercury porosimetry and gas adsorption — Part 3:Analysis of micropores by gas adsorption*(ISO 15901-3:2007),利用美国康塔公司设计制造的 autosorb iQ₂ 型号自动液氮分析仪,对不同粒径煤样的孔隙结构特性进行分析测定,测试时液氮温度保持在 77 K,孔径测

量范围在 0.35～500 nm。液氮实验以测得的等温吸、脱附曲线为基础,可得出煤样的孔容分布、BET 比表面积及孔形等相关数据。与压汞实验孔径测量范围不同,液氮实验通常用来分析煤样微孔和小孔的孔隙特征。

目前,液氮等温吸附曲线共分为六种。先由 BDDT(Brunauer S,Deming L S,Deming W E 和 Teller E)四人通过统计大量液氮吸附曲线特征得出Ⅰ～Ⅴ类液氮曲线,后由 Sing 增加多层吸附阶梯状分布为Ⅵ类,并形成了 IUPAC 国际标准 *Physisorption of gases, with special reference to the evaluation of surface area and pore size distribution*[162,163]。实际的各种等温吸附曲线多是这六种等温吸附曲线的不同组合。图 3-12 至图 3-14 给出了不同煤样低温液氮实验的测定结果。从图中可以看出,三种煤样吸附曲线基本属于Ⅰ类和Ⅱ类或(Ⅰ-B)结合的吸附曲线,且各粒径煤样的吸附与脱附曲线形状相似。在低压段,液氮曲线偏 Y 轴,说明煤粒与液氮分子有较强的作用力,不需要很高的压力便可以完成大体积的液氮吸附效果。这种现象通常发生在微孔发育的多孔介质中,小直径孔隙由于孔壁吸附势重合,会形成较强的吸附势,所以很容易对液氮分子进行捕捉吸附,此种特性符合Ⅰ类微孔控制型等温吸附曲线。以低压段吸附量增长的大小(即吸附量呈直线增

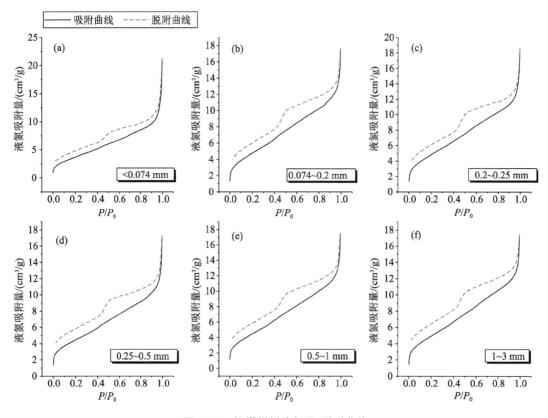

图 3-12　柳塔煤样液氮吸、脱附曲线

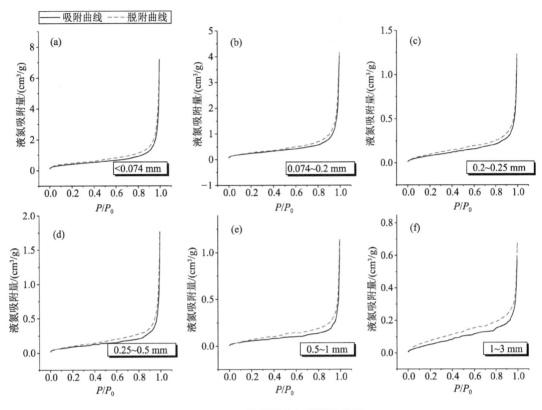

图 3-13 双柳煤样液氮吸脱附曲线

长曲线的长短)来判断,微孔发育程度双柳<柳塔<大宁。而在高压段,由于发生了多层吸附现象,在相对压力 P/P_0 接近 1 时,仍没有达到饱和,未有平台状曲线出现,这种特性又符合Ⅱ类液氮等温吸附曲线特性(也与Ⅰ-B类曲线相近)。从这一点可以说明,对于煤粒这种多孔介质来说,吸附行为并不是简单的单层吸附。因此类似地,在使用 Langmuir 单层吸附理论去描述煤粒对甲烷及二氧化碳的吸附现象时,其只能算作是一种拟合度较高的经验模型,而不能用于更深入的机理探讨[42]。

液氮吸、脱附曲线可以反映出样品的孔隙形状结构。目前,常出现的液氮吸、脱附滞后环可以分为 H1～H5 六种,如图 3-15 所示[164]。通过比对可以得出,柳塔煤样和双柳煤样呈 H3 型滞后环分布(H3 型较 H4 型高压段吸附量更大),表明此两种煤样以片状粒子堆积形成的狭缝孔为主;大宁煤样呈 H2 或 H4 型滞后环分布,表明其拥有非粒子堆积产生的狭缝孔或有墨水瓶孔,这与其压汞实验得出的结果相似。不同粒径的液氮滞后环形状的相似性也说明了损伤过程对微孔孔隙形态的影响较小。

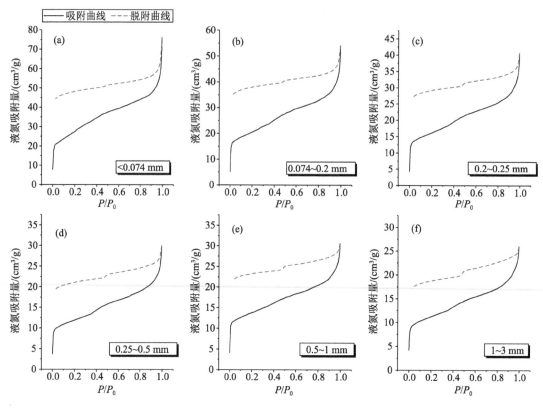

图 3-14 大宁煤样液氮吸脱附曲线

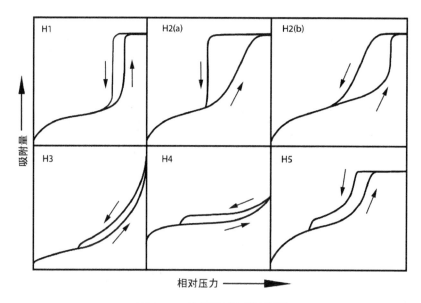

图 3-15 液氮滞后环类型[164]

3.3.2　煤粒损伤对小、微孔孔容分布的影响

以液氮实验相对压力与吸附量数据而得出的孔径分布分析方法繁多,有 BJH(Barrett-Joyner-Halenda)法、DH(Dollimore-Heal)法、DA(Dubinin-Astakhov)法、DR(Dubinin-Radushkevish)法、HK(Horvath-Kawazoe)法、DFT(Density Functional Theory)法以及 NLDFT(non-local density functional theory)法等常用方法[42]。每种方法都有适合测定的孔径范围,且对于不同的样品有不同的精确度。本书选取常用的 DFT 法分析煤样的微孔分布,而利用 BJH 法分析煤样的小孔分布。

图 3-16 比较了最大粒径(1～3 mm)与最小粒径(<0.074 mm)液氮实验微孔和小孔的孔容分布情况(其他粒径孔容分布曲线形态与选取曲线相似)。从图中可以看出,除柳塔<0.074 mm 煤样的微孔孔容小于 1～3 mm 煤样外,柳塔小孔、双柳微孔和小孔,以及大宁微孔和小孔均表现为小粒径孔容要大于大粒径孔容。其中,双柳煤样的增长趋势最明显,大宁煤样次之。图中微孔的孔容变化程度及波动状况要高于小孔孔容的相应变化,说明相对于小孔系统,微孔系统更为复杂。表 3-5 列出了液氮实验的不同粒径煤样微孔和

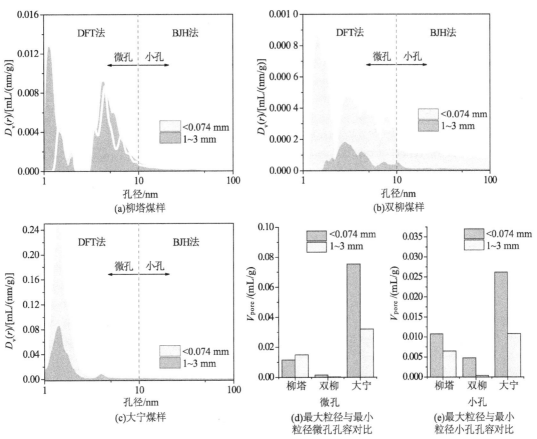

图 3-16　不同粒径煤样微孔和小孔孔容分布特性

小孔的孔容变化。对于柳塔煤样,其微孔孔容对粒径的减小敏感性不强,呈波动状变化,<0.074 mm煤样微孔孔容是1~3 mm煤样的0.77倍;小孔孔容则大致随着粒径的增大而逐渐减小,<0.074 mm煤样小孔孔容是1~3 mm煤样的1.65倍;孔隙系统中微孔孔容占主导地位,两种孔隙孔容之比在1.07~2.30之间,且大致随着粒径增大而增大;由于占主导地位的微孔孔容对粒径的弱依赖性,导致总孔容亦与粒径成波动关系,规律不明显,且总孔容整体数量级为10^{-2},在三种煤样中处于中等水平。

表3-5 不同种类孔隙孔容大小分布(液氮法)

煤样	粒径/mm	孔容			
		微孔/(mL/g)	小孔/(mL/g)	微孔/小孔	总计/(mL/g)
柳塔	<0.074	1.15×10^{-2}	1.07×10^{-2}	1.07	2.22×10^{-2}
	0.074~0.2	1.41×10^{-2}	7.28×10^{-3}	1.94	2.14×10^{-2}
	0.2~0.25	1.45×10^{-2}	7.79×10^{-3}	1.86	2.23×10^{-2}
	0.25~0.5	1.26×10^{-2}	7.02×10^{-3}	1.79	1.96×10^{-2}
	0.5~1	1.40×10^{-2}	7.14×10^{-3}	1.96	2.11×10^{-2}
	1~3	1.49×10^{-2}	6.49×10^{-3}	2.30	2.14×10^{-2}
双柳	<0.074	1.45×10^{-3}	4.74×10^{-3}	0.31	6.19×10^{-3}
	0.074~0.2	9.00×10^{-4}	3.06×10^{-3}	0.29	3.96×10^{-3}
	0.2~0.25	3.48×10^{-4}	7.73×10^{-4}	0.45	1.12×10^{-3}
	0.25~0.5	3.55×10^{-4}	1.12×10^{-3}	0.32	1.48×10^{-3}
	0.5~1	2.53×10^{-4}	6.31×10^{-4}	0.40	8.84×10^{-4}
	1~3	2.74×10^{-4}	3.75×10^{-4}	0.73	6.49×10^{-4}
大宁	<0.074	7.54×10^{-2}	2.61×10^{-2}	2.89	1.02×10^{-1}
	0.074~0.2	5.91×10^{-2}	2.03×10^{-2}	2.91	7.94×10^{-2}
	0.2~0.25	4.66×10^{-2}	1.60×10^{-2}	2.91	6.26×10^{-2}
	0.25~0.5	3.44×10^{-2}	1.11×10^{-2}	3.10	4.55×10^{-2}
	0.5~1	3.71×10^{-2}	1.15×10^{-2}	3.22	4.86×10^{-2}
	1~3	3.20×10^{-2}	1.08×10^{-2}	2.96	4.28×10^{-2}

对于双柳煤样,其微孔孔容及小孔孔容均对粒径有较好的依赖性,随着粒径的增大而逐渐减小,<0.074 mm煤样微孔、小孔孔容分别是1~3 mm煤样的5.29倍和12.64倍;与柳塔和大宁煤样不一样的是,其孔隙系统中小孔孔容占主导地位(图3-16中使用的是对数横坐标,所以小孔的孔容优势不明显),两种孔隙孔容之比在0.29~0.73之间,比值与粒径的关系不明显;微孔和小孔孔容对粒径的强依赖性,导致总孔容与粒径成负相关关系,其整体数量级为10^{-4}~10^{-3},是三种煤样中微、小孔孔容最小的煤样。

对于大宁煤样,其微孔系统在三种煤样中发育最好,且微孔与小孔孔容均与粒径呈负相关,<0.074 mm 煤样微孔、小孔孔容分别是 1~3 mm 煤样的 2.36 倍和 2.42 倍;微孔对小孔孔容的比值在三种煤样中最大,在 2.89~3.22 之间,比值和粒径的关系与双柳煤样相似,未显出明显规律;大宁煤样总孔容也随着粒径的增大而呈减小趋势,其整体数量级为 10^{-2}~10^{-1},是三种煤样中微、小孔孔容最大的煤样。

3.3.3　煤粒损伤对小、微孔比表面积分布的影响

微孔和小孔内庞大的比表面积为甲烷分子提供了大量的吸附位。图 3-17 比较了最大粒径(1~3 mm)与最小粒径(<0.074 mm)液氮实验中微孔和小孔的孔比表面积的分布情况。由于孔比表面积是在孔容测试结果基础上经过一定的假设而得到的,所以三种煤样孔比表面积与粒径的变化规律与孔容的变化规律相似:除柳塔<0.074 mm 煤样的微孔比表面积曲线略低于 1~3 mm 煤样曲线外,包括柳塔小孔、双柳微孔和小孔,以及大宁微孔和小孔在内的五条孔比表面积分布曲线均表现出<0.074 mm 煤样曲线高于 1~3 mm 煤样曲线的特点。

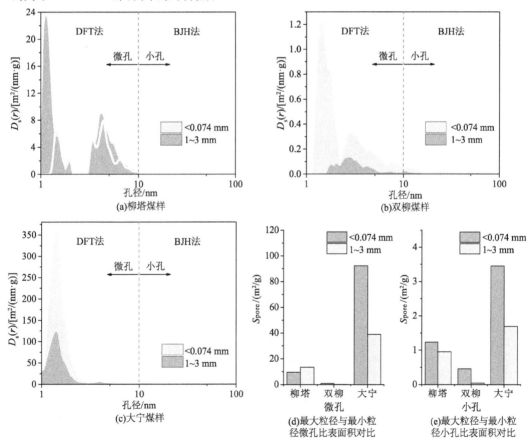

图 3-17　不同粒径煤样微孔和小孔孔比表面积分布特性

表 3-6 列出了液氮实验中不同粒径煤样微孔和小孔的比表面积变化。三种煤样在小孔阶段均表现出与粒径呈负相关性，即随着粒径的增长而减小，<0.074 mm 煤样的孔比表面积分别是 1~3 mm 煤样孔比表面积的 1.29 倍、11.5 倍和 2.04 倍。而在微孔阶段，双柳和大宁煤样孔比表面积与粒径也表现出了较好的负相关性，但柳塔煤样随粒径呈波动状变化，三者最小粒径对最大粒径的孔比表面积倍数分别为 5.71 倍、2.38 倍和 0.71 倍。此外，与孔容的变化规律不同，三种煤样微孔的比表面积均大于小孔的比表面积，其中大宁煤样微孔发育最好，柳塔次之，双柳最末；三种煤样微孔与小孔比表面积之比分别在 7.71~14.11、1.46~3.50 和 22.99~28.74，且均与粒径的相关关系不明显。对于微孔和小孔的总孔比表面积，柳塔煤样为 10.72~14.35 m²/g，双柳煤样为 0.18~1.26 m²/g，大宁煤样为 40.54~95.72 m²/g，且后两者随着直径的增长而大致呈递减趋势。

表 3-6　不同种类孔隙比表面积大小分布(液氮法)

煤样	粒径/mm	孔比表面积			
		微孔/(m²/g)	小孔/(m²/g)	微孔/小孔	总计/(m²/g)
柳塔	<0.074	9.49	1.23	7.71	10.72
	0.074~0.2	12.56	1.06	11.85	13.62
	0.2~0.25	12.91	1.02	12.66	13.93
	0.25~0.5	11.82	0.98	12.06	12.80
	0.5~1	11.92	1.02	11.69	12.94
	1~3	13.40	0.95	14.11	14.35
双柳	<0.074	0.80	0.46	1.74	1.26
	0.074~0.2	0.44	0.30	1.46	0.74
	0.2~0.25	0.17	0.08	2.13	0.25
	0.25~0.5	0.17	0.11	1.56	0.28
	0.5~1	0.12	0.06	2.00	0.18
	1~3	0.14	0.04	3.50	0.18
大宁	<0.074	92.27	3.45	26.74	95.72
	0.074~0.2	73.37	2.88	25.48	76.25
	0.2~0.25	57.38	2.32	24.73	59.70
	0.25~0.5	41.67	1.45	28.74	43.12
	0.5~1	46.71	1.66	28.14	48.37
	1~3	38.85	1.69	22.99	40.54

3.3.4　煤粒损伤对小、微孔平均孔径及 BET 比表面积的影响

由液氮实验测出的平均孔径可以从侧面反映出甲烷分子运移孔道的半径大小,表征了甲烷分子流动传质的难易程度。平均孔径越小,微孔发育更好,甲烷分子运移所受到孔道的束缚力越大,就越难运移出孔道。此外,微孔发育更好,孔比表面积越大,产生的吸附位越多,煤体的吸附能力越强。图 3-18 给出了不同煤样平均孔径随粒径的变化规律。三种煤样的平均孔径与粒径基本呈负相关关系,即随着粒径增大而逐渐减小,表明损伤对煤体吸附能力和解吸性能都有一定的提升效果。柳塔煤样六个粒径的平均孔径分别为 8.75 nm、6.02 nm、6.22 nm、6.60 nm、6.34 nm 和 5.90 nm,<0.074 mm 煤样的平均孔径是 1~3 mm 煤样的 1.48 倍;双柳煤样的平均孔径在三种煤样中最大,六个粒径的平均孔径分别为 30.19 nm、28.42 nm、23.10 nm、31.48 nm、30.25 nm 和 17.80 nm,<0.074 mm 煤样的平均孔径是 1~3 mm 煤样的 1.70 倍;柳塔煤样的平均孔径在三种煤样中最小,六个粒径的平均孔径分别为 4.77 nm、4.50 nm、4.23 nm、4.21 nm、3.75 nm 和 3.85 nm,<0.074 mm 煤样的平均孔径是 1~3 mm 煤样的 1.24 倍。

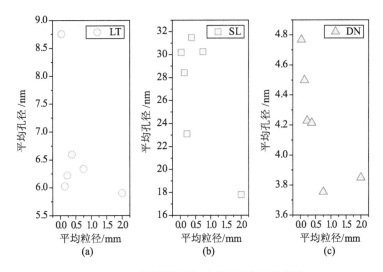

图 3-18　不同煤样平均孔径随粒径变化规律

BET 理论是由 Brunauer、Emmett 和 Teller 为描述多分子层吸附现象,而从经典统计理论导出的吸附公式[45]。与 3.3.3 小节不同,BET 比表面积代表了单位质量煤粒单层吸附时的总比表面积,并不能体现在孔径大小上的分布特性。BET 公式成立的范围通常在 0.05~0.35 (P/P_0) 内,其代表甲烷分子在多空介质表面的覆盖率在 0.5~1.5 之间。图 3-19 给出了各煤样 BET 孔比表面积的测试结果。柳塔煤样六个粒径的 BET 孔比表面积分别为 14.82 m²/g、18.10 m²/g、18.48 m²/g、16.25 m²/g、17.10 m²/g 和 18.34 m²/g,

其 BET 孔比表面积与粒径相关性不大；双柳六个粒径煤样的 BET 孔比表面积分别为 1.49 m²/g、0.91 m²/g、0.34 m²/g、0.36 m²/g、0.24 m²/g 和 0.25 m²/g，且随着粒径增大而减小；大宁六个粒径的煤样 BET 孔比表面积分别为 98.33 m²/g、73.47 m²/g、58.72 m²/g、43.30 m²/g、49.86 m²/g 和 41.10 m²/g，和双柳煤样的变化规律相似，其 BET 孔比表面积随着粒径增大而减小。三种煤样的 BET 孔比表面积变化规律说明损伤对双柳和大宁煤样作用明显，对柳塔煤样则作用较弱。此外，三种煤样 BET 孔比表面积大宁＞柳塔＞双柳，说明吸附能力大宁＞柳塔＞双柳。

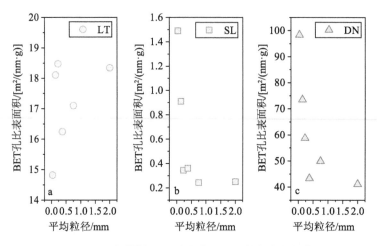

图 3-19　各煤样 BET 孔比表面积随粒径变化规律

3.4　粉化过程中煤粒孔隙损伤的基本路径

结合电镜扫描、压汞和液氮实验可以发现，在粉化作用下，煤粒孔隙结构的破坏主要从孔径较大的大中孔开始，进而慢慢影响到孔径较小的小微孔。而破坏微孔往往需要十分巨大的力，所以在常规力学作用下微孔的损伤微不足道，也就造成吸附常数变化不大或呈波动状变化的规律。如果结合煤体的双重孔隙结构，大孔径的孔隙假设为裂隙，而小孔径的孔隙看作分布于基质体表面积内部的孔隙，我们可以得到如下的结论：

煤的孔隙裂隙可以认为经历了如下三个阶段的变化：①完整煤粒分裂成多个小粒径的新生煤粒，此时的粒径应大于基质的大小，基质体未被破坏；②单个煤粒继续破碎，成为具有单个基质大小的煤粒，此时的煤粒基质体刚好未被破坏，是瓦斯解吸速度极速增长的起点；③煤粒基质被破坏，孔隙系统遭到严重破坏，瓦斯解吸速度极速增长。前两个阶段可归为裂隙破坏阶段，最后一个阶段为基质破坏阶段，如图 3-20 所示。

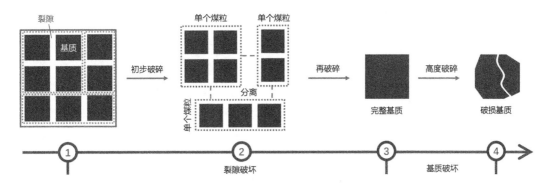

图 3-20　破碎过程中煤双重孔隙系统的损伤

3.5　本章小结

本章通过工业分析实验、堆积密度实验、扫描电子显微镜实验、压汞实验和液氮实验系统地研究了损伤对煤粒的内在成分、表观特征以及孔隙裂隙形态与分布特性的影响。主要结论如下：

1) 扫描电子显微镜实验显示：三种煤样在 1～3 mm 粒径时均出现了明显的裂隙，而在 <0.074 mm 粒径时裂隙并不明显，反而孔隙的发育更好。基于挥发分测试和电子显微镜扫描结果可知，三种煤样变质程度：大宁>双柳>柳塔。

2) 不同粒径煤样的压汞滞后环形状差异主要体现在低压段，对于高压部分在统一纵坐标范围的情况下形状基本一致，表明损伤过程并未对微孔的形态和结构造成太大的破坏；三种煤样的孔隙率随着粒径的减小而大致呈增大趋势，表明煤粒损伤增加了开孔的数量；三种煤样的曲折度随粒径变化规律不明显，平均曲折度均在 2 左右。

3) 破碎煤粒的损伤过程对煤粒的大孔孔容、比表面积和孔长密度有明显的提升，对中孔的破坏作用却因煤样而各异。孔隙尺度越大，损伤的影响就越大。柳塔、双柳和大宁 <0.074 mm 煤样大孔孔容分别是相应 1～3 mm 煤样的 22.08 倍、47.27 倍和 55.38 倍；孔比表面积则分别是 16.37 倍、337.50 倍和 37.28 倍；在 1 000 nm 处的孔长密度分别为 5.96 倍、12.28 倍和 12.08 倍。而对于中孔系统，三种 <0.074 mm 煤样中孔孔容分别是相应 1～3 mm 煤样孔容的 0.86 倍、5.35 倍和 8.22 倍；比表面积则分别是 0.74 倍、4.24 倍和 5.12 倍；在 100 nm 处的孔长密度分别为 0.58 倍、2.45 倍和 2.88 倍。

4) 实验煤样的液氮等温吸附曲线属于Ⅰ类和Ⅱ类或Ⅰ-B相结合的曲线，且各粒径煤样的吸附与脱附曲线形状相似。损伤过程对液氮滞后环形状影响较小，柳塔煤样和双柳煤样呈 H3 型滞后环分布，表明此两种煤样以片状粒子堆积形成的狭缝孔为主；大宁煤样呈 H2 或 H4 型滞后环分布，表明其拥有非粒子堆积产生的狭缝孔或有墨水瓶孔。

5) 与压汞实验结果相似,破碎煤粒的损伤过程对小孔的孔容和比表面积均有明显的提升,但对微孔的破坏作用却各有差异。柳塔、双柳和大宁<0.074 mm 煤样小孔孔容分别是相应 1~3 mm 煤样的 1.65 倍、12.64 倍和 2.42 倍;比表面积则分别为 1.29 倍、11.5 倍和 2.04 倍。而对于微孔系统,三种<0.074 mm 煤样微孔孔容分别是相应 1~3 mm 煤样的 0.77 倍、5.29 倍和 2.36 倍;比表面积则分别是 5.71 倍、2.38 倍和 0.71 倍。

6) 三种煤样的平均孔径均随着粒径减小而逐渐增大,表明损伤对煤体吸附能力和解吸性能都有一定的提升效果。三者的<0.074 mm 煤样平均孔径分别是相应 1~3 mm 煤样的 1.48 倍、1.70 倍和 1.24 倍。对于 BET 孔比表面积,柳塔煤样随粒径变化规律不明显,而双柳和大宁煤样 BET 孔比表面积则随着粒径增大而减小。

4 孔隙裂隙空间尺度特征与瓦斯流动表观特性的内在联系

煤是一种含孔隙系统和裂隙系统的双重孔隙介质。一般认为,瓦斯分子先在孔隙系统中完成扩散行为,后在裂隙系统中形成流动。在孔隙和裂隙系统中,瓦斯受到的流动阻力是不同的,其与两种系统的表面特性以及开度等几何特性有很大关系。本章从煤中孔隙系统和裂隙系统对经过其内的瓦斯解吸流的相互控制作用角度,对解吸现象进行了理论上的分析。首先利用分形理论,根据压汞和液氮实验的结果,对煤的孔隙裂隙系统进行划分;之后对表观扩散系数与表观渗透率的转换关系进行了探讨,并基于流量控制的思想,运用 Darcy 定律提出表征孔隙裂隙主控渗透率转换关系的临界特征比值;利用 Comsol 软件对立方体模型中的瓦斯流动行为进行模拟,验证所提出的孔隙裂隙主控渗透率观点的合理性;最后,根据建立的描述不同主控系统瓦斯流动的数学模型,提出孔隙裂隙系统瓦斯流动半经验模型,为第 5 章时变扩散系数的获取奠定基础。

4.1 粉煤极速解吸形成机制的解释

在以往文献中对高度破碎煤粒极速瓦斯解吸现象的解释,多从裂隙和孔隙关系的角度加以阐述。目前在学界主要有两种理论:一种是孔隙扩散控制说,另一种是裂隙渗流控制说。

4.1.1 孔隙扩散控制说

Airey[71]于 1968 年对粒径对瓦斯放散规律的影响进行过系统研究,其认为煤基质本身对瓦斯的流动阻力要远大于煤裂隙加之于瓦斯的阻力,控制整个煤体瓦斯流动行为表现的是基质系统。当煤粒直径大于一定的值之后,瓦斯的解吸速度趋近于常量。杨其銮[67]于 1987 年将此临界解吸粒径定义为"极限粒径",认为煤粒是由无数个具有"极限粒径"的细小颗粒组成的集合。这种集合体由于并未对控制流动速度的基质产生明显的作用,所以粒径的改变相当于增加了煤粒的质量和数目。本质上此时的煤粒与煤粒之间的粒间孔和基质与基质之间的裂隙孔并没有大的区别。大粒径的煤粒在未破碎时同样也可以假设为已经被分割的基质结合体。

而当粒径小于极限粒径时,由于破坏了煤基质,使扩散系统受损,扩散阻力减小,解吸速度极速增加。此观点符合流行的"基质——低速流动,裂隙——高速流动"的观点。周世宁[77]于1990年指出抚顺龙凤矿煤矿煤层渗透率是阳泉七尺煤矿煤层渗透率的10 000倍,但其粒煤的渗透率却低于阳泉七尺煤矿,间接说明了上述观点的正确性。国外多数科学家也曾在解释渗流行为时,将低速的扩散流进行省略,在建立数学模型时取得了较好的拟合效果[81, 146, 165]。而对于常规解吸实验,由于没有外部应力加载的作用,裂隙开度较大,基质扩散系数(或基质渗透率)较之裂隙渗透率有明显的差距,所以这种解释相对合理,也得到了广泛的支持。事实上,裂隙渗流控制说的论点也并未否认极限粒径的存在,只是双方在解吸突变的限制因素上存在差异。孔隙扩散控制说并没有将基质尺度引入极限粒径的形成原因范畴上,而裂隙渗流控制说则把极限粒径考虑为基质大小。

4.1.2 裂隙渗流控制说

Busch等[27]在总结国外解吸速度随粒径变化的规律时,也曾提到了与杨其銮一样的"极限粒径",但在解释这种现象时着重强调了裂隙的限制作用。他认为经过裂隙的流动会被裂隙的几何特征所限制。在大直径煤粒的条件下,裂隙和裂隙之间的扩散距离将保持恒定,不再随着粒径的增大而加长,因此解吸速度不会继续减小,而是趋于恒定。Banerjee[75]认为煤粒具有网格状的裂隙分布结构,煤粒直径大于该网格的大小时,裂隙成为控制流动的主要因素。Guo等[24]则根据上述思想,把"极限粒径"等效为"基质尺度",利用瓦斯解吸速度的突变点定义基质尺度大小。事实上极限粒径应比基质尺度稍大,因为极限粒径是由解吸实验推导出来的,解吸速度开始增大时不必非得达到基质大小,破碎过程中增加的大量微孔会对流动产生附加增速效应。但在本书中论述时不作区分,将其假设为同一粒径大小。

孔隙扩散控制说与裂隙渗流控制说都有其自身的合理性,区别在于对单个煤粒破碎到基质尺度大小粒径时,瓦斯极速解吸速度的临界点的产生机制上有不同见解,即在图3-20中过程②到过程③的原理论述上存在分歧。孔隙扩散控制说将裂隙看作"设计流通能力过大的管道",而裂隙渗流控制说则将裂隙看成是"限制流动的阀门",如图4-1所示。类比水流在管道中流动过程,我们很容易发现,判断裂隙的存在是起着"管道"的作用还是起着"阀门效应"的作用,关键在于判断水流的大小。在水流足够小的情况下,小直径的管道也能被看作是"设计流通能力过大的管道",存在一定未被流动占据的流动富余区。反

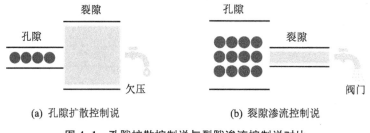

(a) 孔隙扩散控制说   (b) 裂隙渗流控制说

图4-1 孔隙扩散控制说与裂隙渗流控制说对比

之,在水流足够大的情况下,大直径的管道也可看作是"限制流动的阀门"。因此,扩散系统流向裂隙系统的"瓦斯流"质量大小是判断解吸过程是"扩散控制"还是"渗流控制"的主要因素,而这恰恰是以往文献中忽略的因素。

4.2 孔隙裂隙系统的尺度划分

4.2.1 分形维数的意义

分形维数是用于分析煤孔隙结构或表面粗糙度的重要手段,是定量表示自相似随机形状和现象的最基本的量。对于分形维数在不同领域有不同的定义方法,包括 Hausdorff 维数、计盒维数、相似维数、容量维数等多种不同描述[166-168]。对于一个 d_d 维(欧式空间维数)的特定物体来说,其表面特性或者空间特性都会存在分形特征,分别形成表面分形维数(d_s)和空间分形维数(d_b),其中表面分形维数的范围为 $d_d - 1 \leqslant d_s \leqslant d_d$,空间分形维数的范围为 $1 \leqslant d_b \leqslant d_d$。

目前测定分形维数的方法主要有观察尺度变化、分析分布函数、频谱及相关性函数等。而对于分析煤孔隙分形特征的方法,主要是通过压汞实验、液氮实验等采集孔隙数据,从而得出孔容或孔比表面积分形维数[169-171]。另外,Liu 和 Nie[172]也曾通过电子显微镜扫描等统计得出孔隙裂隙的数量,进而得出分形维数。

1) 压汞实验测定法

采用压汞实验测出的分形维数为表面分形维数,其表征固体表面的粗糙程度。用分形模型计算得到的分形维数大小在 2 到 3 之间,2 表示光滑的二维平面,3 表示极度粗糙的表面。表面越粗糙,意味着提供给甲烷分子的吸附位越多,也意味着吸附能力的大幅度增强[172],以及吸附常数 a 值的急剧增加。

根据门格(Menger)的海绵模型简化思想,可得出多孔介质孔径分布的分形维数计算公式:

$$-\frac{\mathrm{d}V_{\mathrm{pore}}}{\mathrm{d}r_{\mathrm{pore}}} \propto r_{\mathrm{pore}}^{2-d_s} \tag{4-1}$$

式中　V_{pore} ——孔体积,mL;

　　　r_{pore} ——孔隙的半径,nm。

而压汞压力与孔隙半径遵循 Washburn 方程:

$$P_{\mathrm{mi}} = \frac{-2\sigma\cos\theta}{r_{\mathrm{pore}}} \tag{4-2}$$

式中　P_{mi} ——进汞压力,MPa;

　　　σ ——水银表面张力,10^{-3} N/m;

θ ——润湿角，°。

将式(4-2)代入式(4-1)，可得：

$$\frac{dV_{pore}}{dP_{mi}} \propto P_{mi}^{d_s-4} \tag{4-3}$$

对上式等式两边求对数，得：

$$\ln\left(\frac{dV_{pore}}{dP_{mi}}\right) = C_f + (d_s - 4)\ln P_{mi} \tag{4-4}$$

式中 C_f ——常数。

根据上式，以 $\ln\left(\dfrac{dV_{pore}}{dP_{mi}}\right)$ 对 $\ln P_{mi}$ 作出的曲线的斜率即可得到 d_s 值。对于孔比表面积而言，也存在相似的分形维数关系：

$$\frac{dS_{pore}}{dP_{mi}} \propto r_{pore}^{1-d_s} \tag{4-5}$$

式中 S_{pore} ——孔比表面积，m^2。

由式(4-2)可知：

$$P_{mi} \cdot r_{pore} = C_f \tag{4-6}$$

对上式两边求导，可以得出：

$$P_{mi}dr_{pore} + r_{pore}dP_{mi} = 0 \tag{4-7}$$

$$dr_{pore} = -(r_{pore}/P_{mi})dP_{mi} \tag{4-8}$$

将式(4-6)、式(4-8)代入式(4-5)，可得：

$$\frac{dS_{pore}}{dP_{mi}} \propto r_{pore}^{3-d_s} \tag{4-9}$$

对上述方程取对数，有：

$$\ln\left(\frac{dS_{pore}}{dP_{mi}}\right) = (d_s - 3)\ln P_{mi} + C_f \tag{4-10}$$

由上式作出 $\ln(dS_{pore}/dP_{mi})$-$\ln P_{mi}$ 曲线，拟合出斜率便可以得出分形维数。

2）液氮实验测定法

液氮实验单纯考虑了液氮的吸附效应，能够很好地排除压汞高压力对煤孔隙的破坏。目前液氮分形模型主要有包含大孔分析的 NK 模型和适用于多层吸附的 FHH 模型，国际上常用 FHH 模型对煤体吸附液氮结果进行数据分析[173]。液氮吸附测得的孔隙体积、吸附相对压力和分形维数有如下关系：

$$\frac{V_a}{V_{mono}} \propto \left[\ln\left(\frac{P_s}{P_a}\right)\right]^{d_s-3} \tag{4-11}$$

式中　V_a——液氮吸附量，mL/g；

　　　V_{mono}——单分子吸附气体的体积，mL/g；

　　　P_s——气体吸附的饱和蒸气压，MPa；

　　　P_a——液氮吸附压力，MPa。

对上式求导，可得

$$\ln\left(\frac{V_a}{V_{mono}}\right)=C_f+(d_s-3)\ln\left[\ln\left(\frac{P_s}{P_a}\right)\right] \tag{4-12}$$

由上式作出 $\ln(V_a/V_{mono})$-$\ln[\ln(P_s/P_a)]$ 曲线，拟合出斜率便可得出分形维数。

3）图像计盒维数法

该方法先获得样品某一微元表面的平面二维照片，并统计其孔隙裂隙数量。之后用边长为 δ 的正方形去覆盖，统计该平面内孔隙裂隙所占方格数量 $N(\delta)$。则该表面孔隙裂隙的分形维数 d_s' 为：

$$d_s'=-\lim_{\delta\to\infty}\frac{\ln[N(\delta)]}{\ln\delta} \tag{4-13}$$

上式可化为如下形式：

$$\ln[N(\delta)]=-d_s'\ln\delta+C_f \tag{4-14}$$

根据上式，以 $\ln[N(\delta)]$ 对 $\ln\delta$ 作出的曲线的斜率即可得到 d_s' 的值。此方法获得的分形维数表征了孔隙分布特征，与孔结构和孔数量密切相关。与 d_s 不同的是，其反映了瓦斯运移经过的孔的数量和分布规律，而不能反映孔道的表面特性，因此该参数是瓦斯吸附解吸速度大小的重要标志。在等温吸附线中，d_s' 直接影响着 b 值的大小，而对 a 值则影响不大。需要指出的是，这种方法存在一定的弊端：在将原始电子显微镜扫描图像转换为黑白的二值图像时，会发现由于软件和转换方法不同，产生的图像灰度不同，这就造成运用计盒维数方法去计量"全黑"的孔洞数量十分困难[174]。

4.2.2　孔隙裂隙界限与分形维数的关系

分形维数反映了某一空间系统的相似性，对于不同孔隙系统，其分形维数应是不同的。如果将煤中孔隙系统仅看作存在扩散和渗流行为的双孔隙结构，其孔隙分布应具有明显的分形维数分选性，即具有两种斜率不同的 $\ln(dS_{pore}/dP_{mi})$-$\ln P_{mi}$ 或 $\ln(dV_{pore}/dP_{mi})$-$\ln P_{mi}$ 曲线。

邹明俊[170]曾根据 $\ln(dS_{pore}/dP_{mi})$ 与 $\ln P_{mi}$ 的关系，即反映表面积变化的分形维数来对孔隙裂隙系统进行分类。其认为进汞过程是汞表面张力作用的结果，而煤中瓦斯的扩散速度较慢，也可以假设其为沿煤基质表面的二维表面扩散控制，且这种扩散行为强烈依赖于基质的表面积大小。所以就扩散系统来说，基于煤中表面积变化的分形维数更能反映该系统中瓦斯运移的特征,在该系统内式(4-10)的线性关系更清晰。相对而言,对于渗流行为来说,由于传质空间的变大以及随体流动的存在,流动过程更依靠孔容大小,因此对表面积的变化不敏感,分形维数更易产生波动,线性相关性差。所以孔隙裂隙系统的表面积分形维数存在线性拟合斜率和拟合系数两点不同,可以据此对两个系统进行划分。此外,邹明俊还指出液氮实验提供的孔容数据也可以侧面反映出孔隙裂隙系统的区别,就扩散系统来说,其对孔容变化敏感性不足,孔容增量较小;渗透系统对孔容变化敏感,孔容增量较大。

Guo 等[24]则利用 $\ln(dV_{pore}/dP_{mi})$ 与 $\ln P_{mi}$ 的关系,即反应孔容变化的分形维数对孔隙裂隙系统进行了分类。其认为进汞量随进汞压力大致有三个变化区域,即 $P_{mi} <$ 0.1 MPa, 0.1 MPa $\leqslant P_{mi} <$ 5 MPa 和 $P_{mi} \geqslant$ 5 MPa,分别对应裂隙进汞阶段、基质孔隙进汞阶段和基质压缩阶段,相应的各系统分形维数大致的取值范围为 $1 < d_s < 2$, $2 < d_s <$ 3, $3 < d_s < 4$。而对于压汞曲线的高压段,可以利用 $\ln(dV_{pore}/dP_{mi})$-$\ln P_{mi}$ 曲线拟合出的斜率求得该煤基质的压缩系数,Guo 等认为如果压缩系数发生突变,那么意味着煤基质产生了破坏,利用压缩系数突变的临近值可以估算出煤基质的大小。此种方法人为地定义了裂隙和孔隙的分界点,且分界孔径大小不会随着煤样变化而变化,而是一个对应固定压力的固定值,对于说明本书中的问题帮助不大。

4.2.3 基于压汞实验分形维数的孔隙裂隙尺度厘定

1) 比表面积分形维数确定法

本小节首先参照邹明俊的方法对压汞数据进行分析,先计算出 $\ln(dS_{pore}/dP_{mi})$ 与 $\ln P_{mi}$ 的数值,然后根据拟合直线的斜率变化得出扩散孔径和渗流孔径的分界点。该方法虽能给出大致的孔隙裂隙分界点(此处的裂隙指广义上的包含渗流孔的裂隙),但并不能排除煤基质的压缩效应,所以计算出的分形维数存在误差,部分区域有大于3的可能[175]。

图 4-2 至图 4-4 给出了不同煤样比表面积的分形维数变化情况。从图中可以发现,三种煤样在压汞数据上确实出现了明显的转折点,不同区域有明显的分选性。在转折点左侧 $\ln(dS_{pore}/dP_{mi})$ 和 $\ln P_{mi}$ 的线性效果较差,而在转折点右侧两变量的线性效果较好。但与邹明俊实验结果(孔比表面积对扩散系统更为敏感)不同的是,有时孔比表面积数据在大直径孔或者渗流孔阶段也会表现出很好的线性关系,例如双柳 0.2～0.25 mm 和 0.25～0.5 mm 煤样,以及柳塔<0.074 mm、0.074～0.2 mm 和 0.2～0.25 mm 煤样。这可能是因为这几种煤样属于低变质程度煤体,孔隙发育情况不佳,平行裂隙较多且壁面较为光滑,不存在大的突变。对于柳塔煤样来说,其分界点 $\ln P_{mi}$ 的变化范围为 17.8～18.6,对应的孔径范围为 12.44～26.6 nm;而对于双柳煤样,其分界点的变化范围比柳塔煤样大,$\ln P_{mi}$ 的变化范围为 15.7～18,对应的孔径范围为 21.92～109 nm;大宁煤样的分界点变化范围适中,$\ln P_{mi}$ 的取值范围为 16.6～17.6,对应的孔径范围为 39.6～90.54 nm。

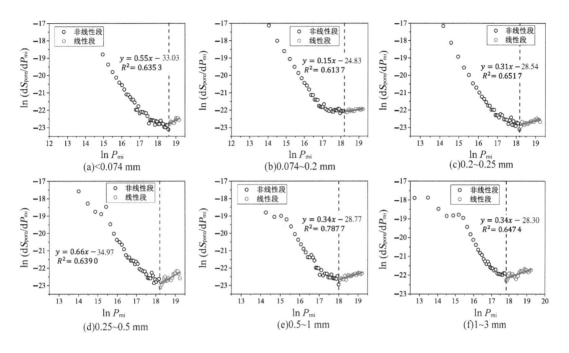

图 4-2 柳塔煤样比表面积分形维数分析结果

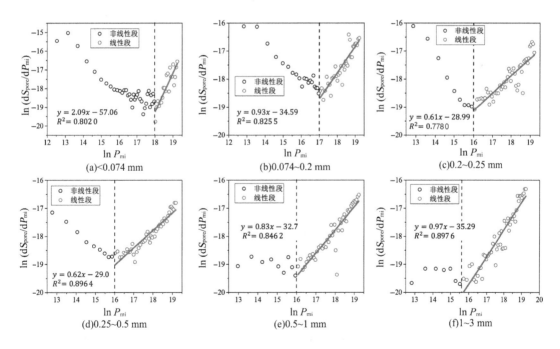

图 4-3 双柳煤样比表面积分形维数分析结果

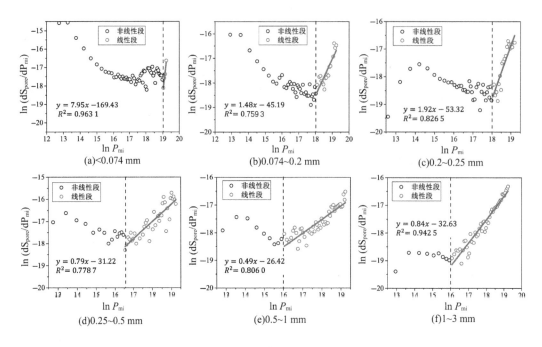

图 4-4 大宁煤样比表面积分形维数分析结果

观察图中孔比表面积转折点的变化趋势,发现随着粒径减小,转折点逐渐右移,即渗流系统和扩散系统分界孔直径越来越小,但不同煤样右移的程度不尽相同,如图 4-5 所示。这是因为小直径煤粒的孔比表面积较大,且强粉碎作用导致单位面积上分布的开放性孔较多,孔道长度变短,瓦斯更易汇聚流动,所以不需要大直径的孔即可完成渗流行为,表观上形成"渗流空间"变大的现象。三种实验煤样在高度破碎点,即在<0.074 mm 时,所拥有的分界孔径大小相近,分别为 12.44 nm、21.92 nm 和 22.6 nm。就不同的煤样来说,柳塔煤样

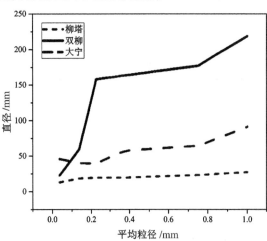

图 4-5 由压汞孔比表面积数据确定的孔隙裂隙分界点随平均粒径的变化

在整个实验粒径阶段增长较为平缓,增加到常规粒径 1～3 mm 时达到最大点 26.6 nm。双柳煤样则与柳塔煤样的变化趋势有着较大不同。随着粒径增大分界孔径先极速增大,后在160 nm 水平附近波动,最后到常规粒径 1～3 mm 时达到最大点 218 nm。大宁煤样的分界点上升趋势较双柳煤样的数值更为平缓,在经历了初期的缓慢下降期之后,在0.2～0.25 mm 粒径时分界点达到最小值 39.6 nm,之后分界点迅速上移,在 1～3 mm 阶段达到最大值,为 90.54 nm。

2) 孔容分形维数确定法

根据邹明俊的论断,裂隙系统较之孔隙系统对于孔容变化更为敏感,所以反映进汞体积变化的分形维数也能从侧面反映出孔隙系统和裂隙系统的区别。本小节对邹式方法进行拓展,将压汞数据中 $\ln(\mathrm{d}V_{\mathrm{pore}}/\mathrm{d}P_{\mathrm{mi}})$ 与 $\ln P_{\mathrm{mi}}$ 的数据进行整理,对转折点左侧的低压端数据进行线性拟合,得出不同煤样孔容的分形维数变化情况,如图 4-6 至图 4-8 所示。与

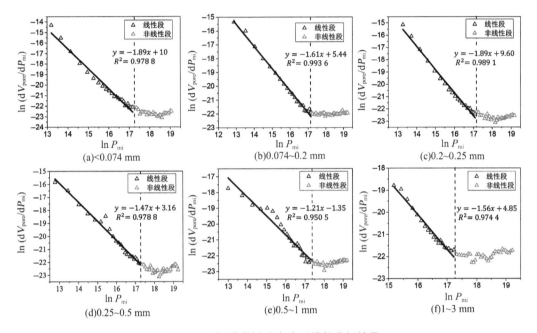

图 4-6　柳塔煤样孔容分形维数分析结果

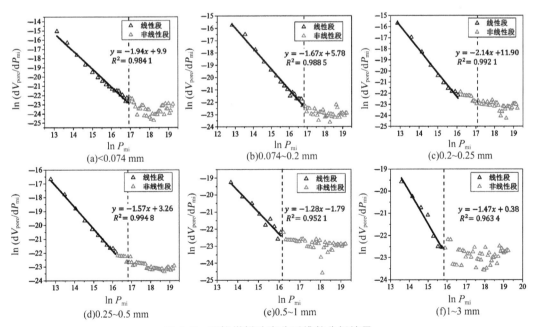

图 4-7　双柳煤样孔容分形维数分析结果

孔比表面积的变化相似,三种煤样的孔容数据也都出现了明显的转折点,且具有更好的拟合度(相关性系数均在 0.95 以上)。对于裂隙系统来说,压汞进入此系统所需的压力较低,所以产生的基质压缩效应不明显,拟合得出的分形维数能更好地反映裂隙空间的空间情况。

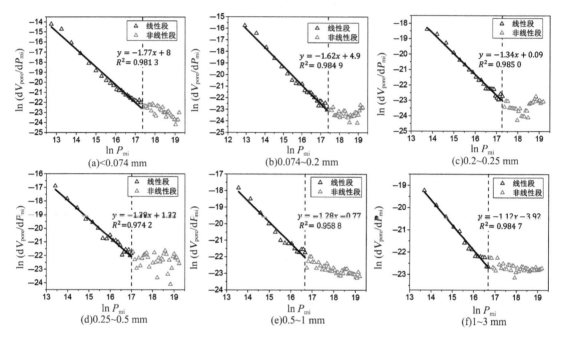

图 4-8 大宁煤样孔容分形维数分析结果

关于分界点的变化情况,三种煤样随粒径变化的趋势不尽相同,但总体上与由比表面积分形维数划分的分界点变化趋势相似(图 4-9)。就柳塔煤样来说,分界点 $\ln P_{mi}$ 的变化范围为 17.2~17.3,对应的孔径范围为 45.14~51.88 nm,随粒径整体变化不大,呈水平波动状,最大值出现在 0.074~0.2 mm 处(51.88 nm)。大宁煤样则有稍微的上升趋势,分界点 $\ln P_{mi}$ 的变化范围为 21.6~42.2,对应的孔径范围为 43.2~84.36 nm。大宁煤样在 0.074~0.2 mm 时达到最小值,之后开始缓慢上升,至 0.5~1 mm 时达到最大值,并小幅度下降至 1~3 mm 处的 83.42 nm。双柳煤样则比上述两种煤样的变化更为明显,分界点 $\ln P_{mi}$ 的变化范围为 15.7~16.9,对应的孔径范围为 68.32~218 nm。在 <0.074 mm 处分界点便较

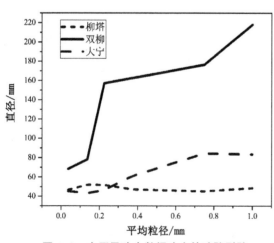

图 4-9 由压汞孔容数据确定的孔隙裂隙
分界点随平均粒径的变化

前两种煤样更大,为 68.32 nm,后随粒径增大分界孔径极速增大,至 0.2~0.25 mm 时增大的速率放缓,并由 157.2 nm 逐步增加到 1~3 mm 时的最大值 218 nm。

表 4-1 给出了分别依据压汞比表面积数据和压汞体积数据完成的渗流扩散系统分界孔径的计算对比。柳塔煤样的差异最大,由体积法确定的分界点大小约为比表面积法的 2~4 倍;双柳煤样则表现出较好的一致度,在大直径煤粒(0.2 mm 以上)时,两种方法确定的分界孔径相同;大宁煤样在各个粒径段的差异较小,表现出更好的相似度。以上实验结果的差异主要原因在于煤孔隙裂隙发育状况:对于孔隙裂隙区分度较好的煤样,如大粒径的双柳煤样,其孔比表面积及体积分形维数转折点均易区分,在人为界定区分点时容易判断;而对于柳塔煤样,由于孔隙裂隙系统变化的不规律性,在使用比表面积法和体积法界定的分界孔径之间存在一定的散点区,此区域对于两种方法都有拟合系数低的特点,所以在拟合分形维数的时候均被省去以提高已选择点的相关性系数,导致拟合空白带的形成。此类煤样在 X 方向上更易呈现三段式或多段式的分布特征,说明广义上的裂隙系统或者扩散系统并不能完全概括煤体中孔隙空间的组成,需要对孔隙裂隙进行更为细致的划分。在相关文献中不同学者也曾提出过"三孔两渗""两孔两渗"等数学模型,显然这种多孔模型更适合描述柳塔类煤样。但本书基于更常用的双孔模型进行研究,所以此处不作赘述。结合图 4-5 和图 4-9 分析可知,虽然不同方法确定的渗流扩散分界孔径在不同煤样间存在误差和差异,但随粒径变化的总体趋势大致相同。

表 4-1 由压汞比表面积及孔容数据确定的孔隙裂隙分界点对比统计

煤样	粒径 /mm	分界点 $\ln P_{mi}$		分界孔径/nm	
		压汞比表面积	压汞体积	压汞比表面积	压汞体积
柳塔	<0.074	18.6	17.27	12.44	46.52
	0.074~0.2	18.2	17.16	17.68	51.88
	0.2~0.25	18.2	17.16	18.92	51.68
	0.25~0.5	18.2	17.26	18.92	47.02
	0.5~1	18	17.29	25	45.14
	1~3	17.8	17.23	26.6	48.5
双柳	<0.074	18	16.88	21.92	68.32
	0.074~0.2	17	16.75	58.7	78.16
	0.2~0.25	16.1	16.05	**157.18**	**157.18**
	0.25~0.5	16	16.01	**162.58**	**162.58**
	0.5~1	16	16.08	**176.44**	**176.44**
	1~3	15.7	15.72	**218**	**218**

（续表）

煤样	粒径/mm	分界点 ln P_{mi}		分界孔径/nm	
		压汞比表面积	压汞体积	压汞比表面积	压汞体积
大宁	<0.074	17.59	17.29	**45.2**	**45.2**
	0.074~0.2	17.42	17.34	39.6	43.2
	0.2~0.25	17.45	17.27	38.86	46.24
	0.25~0.5	17.07	16.99	56.62	61.18
	0.5~1	16.96	16.67	63.64	84.36
	1~3	16.6	16.68	90.54	83.42

注：黑体表示压汞比表面积和压汞体积得到的分界孔径是一致的情况。

4.2.4 基于液氮实验分形维数的孔隙裂隙尺度厘定

液氮实验，全称为低温液氮吸附实验，是基于吸附原理的孔隙测定实验。与压汞实验不同，其能反映多孔介质吸附行为的本质。目前利用液氮数据进行分形维数分析的成熟方法（包括 NK 模型、FHH 模型）均是基于液氮吸附量数据进行拟合计算的，而非基于比表面积数据。所以本小节只考虑吸附量数据，即体积变化参数来分析分形维数。一般认为单层瓦斯吸附量为相对压力 0.37 时的吸附量，该压力点以下的数据可假设作为单层吸附数据进行分形维数分析[170]。首先遴选相对压力在 0.37 以下的低压吸附数据，然后利用 FHH 模型对吸附数据进行处理，作出 $\ln[\ln(V_a/V_{mono})]$ 与 $\ln[\ln(P_s/P_a)]$ 的关系曲线，得出不同斜率的直线。不同的斜率代表着不同的孔容增量效率，即代表着不同的空间系统。

图 4-10 至图 4-12 分别给出了柳塔、双柳及大宁三种煤样低温液氮 FHH 模型的拟

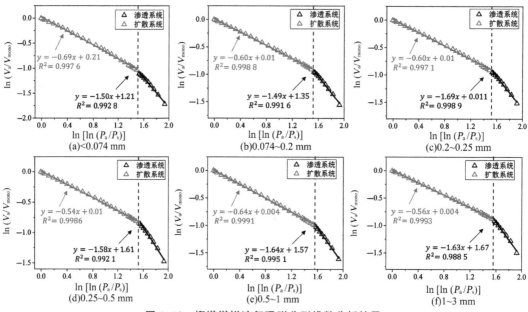

图 4-10　柳塔煤样液氮吸附分形维数分析结果

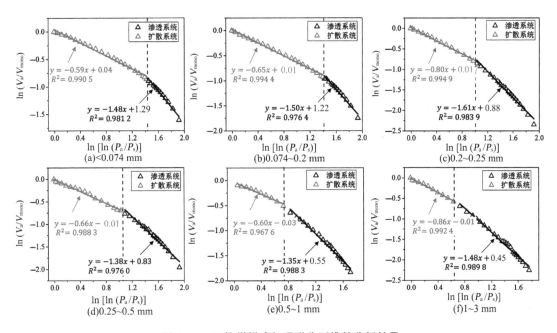

图 4-11 双柳煤样液氮吸附分形维数分析结果

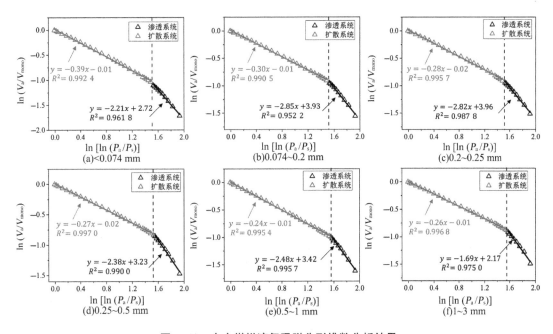

图 4-12 大宁煤样液氮吸附分形维数分析结果

合结果。就整体而言,三种煤样均表现出了明显的分段特征,存在一定的分界点使得左、右两侧的斜率不同。而且右侧的斜率均大于左侧,表明右侧系统属于对孔容更为敏感的渗流(裂隙)系统,而左侧系统则属于扩散(孔隙)系统。柳塔、双柳煤样渗流系统的斜率变化范围大致相近,分别为$-1.49\sim-1.69$ 和$-1.35\sim-1.61$,得出的分形维数分别为$1.31\sim1.51$ 和$1.39\sim1.65$;大宁煤样的渗流系统斜率则较大,为$-1.61\sim-2.85$,对应的分形维数为$0.18\sim1.31$。三种煤样斜率的差异性主要来自低温液氮在微孔区域产生的微孔填充效应。微孔发育的煤样更易产生微孔填充,这一点在测试其 Langmuir 吸附常数 a 值时能得到很好的印证。显然,作为无烟煤的大宁煤样具有更大的 a 值和更大的发生微孔填充效应的可能。

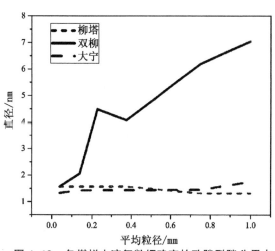

图 4-13　各煤样由液氮数据确定的孔隙裂隙分界点随平均粒径的变化

图 4-13 及表 4-2 给出了各煤样由液氮数据确定的孔隙裂隙分界点大小随粒径变化的规律及具体数值。柳塔煤样分界点 $\ln[\ln(P_s/P_a)]$ 的变化范围为 1.53$\sim$1.57,对应的孔径变化范围为 0.92$\sim$0.95 nm,分界孔径随粒径变化很小。大宁煤样分界点的变化范围较双柳煤样稍大,$\ln[\ln(P_s/P_a)]$ 的变化范围为 1.48$\sim$1.57,对应的孔径变化范围为 0.92$\sim$0.98 nm,但总体上依然呈平缓的近水平状分布。双柳煤样表现出了与前两种煤样不一样的变化趋势,其在观测粒径范围内分界孔径大体上随粒径增大呈快速增大趋势,而该煤样 $\ln[\ln(P_s/P_a)]$ 的变化范围为 0.73$\sim$1.45,对应的孔径变化范围为 0.95$\sim$1.76 nm。

表 4-2　各煤样由液氮数据确定的孔隙裂隙分界点计算结果

煤样	粒径/mm	左侧斜率	右侧斜率	分界点 $\ln[\ln(P_s/P_a)]$	分界孔径/nm
柳塔	0.074	−0.69	−1.5	1.53	0.95
	0.074~0.2	−0.6	−1.49	1.53	0.95
	0.2~0.25	−0.6	−1.69	1.53	0.95
	0.25~0.5	−0.54	−1.58	1.53	0.95
	0.5~1	−0.64	−1.64	1.57	0.92
	1~3	−0.56	−1.63	1.57	0.92
双柳	0.074	−0.59	−1.48	1.45	0.95
	0.074~0.2	−0.65	−1.5	1.42	1.03
	0.2~0.25	−0.8	−1.61	1.03	1.38

（续表）

煤样	粒径 /mm	左侧斜率	右侧斜率	分界点 $\ln[\ln(P_s/P_a)]$	分界孔径 /nm
双柳	0.25～0.5	−0.66	−1.38	1.09	1.32
	0.5～1	−0.6	−1.35	0.83	1.63
	1～3	−0.86	−1.48	0.73	1.76
大宁	<0.074	−0.39	−2.21	1.57	0.92
	0.074～0.2	−0.3	−2.85	1.55	0.93
	0.2～0.25	−0.28	−2.82	1.54	0.93
	0.25～0.5	−0.27	−2.38	1.54	0.93
	0.5～1	−0.24	−2.48	1.54	0.94
	1～3	−0.26	−1.69	1.48	0.98

将液氮实验结果与压汞实验结果进行对比（图4-14），可以发现两种方法测定的分界孔径变化趋势相近。柳塔煤样和大宁煤样都较为平缓，而双柳煤样递增趋势更为明显。但是，两者测定的分界孔径所在的大致范围却相差较大。究其原因主要在于：①压汞方法对煤基质进行了压缩，孔隙孔容被物理性地撑大，这是压汞实验不可避免的系统误差；②两种方法测定孔径分布的原理不同，测定的孔径分布范围不同，所以以往文献中多结合两者数据来分析总体趋势，而非进行两者的对比。相对于确定明确的分界孔径

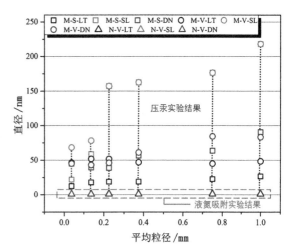

图4-14　不同方法确定的渗流扩散分界点对比

（M：压汞；S：比表面积；V：孔容）

大小，分界孔径随粒径变化的整体趋势更具有可靠性和说服力。霍多特认为直径在10～100 nm的范围内主要是瓦斯毛细管凝结和瓦斯扩散的空间[12]。结合前人理论成果和煤样实验结果可推算，扩散系统和渗流系统的分界孔径大致在10～100 nm数量级，且不同煤样随粒径减小而减小的幅度不同。

4.3　解吸双渗控制模型建立及数值模拟实现

4.3.1　孔隙裂隙渗透率比值与主控流动的关系

4.2节中运用分形的方法对渗流空间和扩散空间的特征孔径分界点进行了分析。本

小节以渗流扩散双孔模型为例,对两种空间内不同的传质形式及相关传质数学模型进行探讨。扩散行为和渗流行为在数学上有一定的联系,虽然普遍认为基质中流体流动是由扩散控制的,但在数学上扩散系数在一定的关系下可以转换为渗透率。对于基质流动,压力和单位基质体积的扩散速率有以下关系[176]:

$$q^* = \vartheta \frac{k_m}{\nu}(P_m - P_f) \tag{4-15}$$

式中,q^*——单位基质体积的扩散速率,g/(s·mL);

ϑ——基质形状因子,cm^{-2};

k_m——煤基质渗透率,m^2;

ν——运动黏度,m^2/s;

P_m,P_f——孔隙和裂隙中的瓦斯压力,MPa。

而根据扩散方程,我们有:

$$q^* = \vartheta D_F(c_m - c_f) \tag{4-16}$$

式中,D_F——气体的菲克扩散系数,m^2/s;

c_m,c_f——孔隙和裂隙中瓦斯浓度,g/mL。

由理想气体状态方程可以得到气体浓度与压力的关系:

$$\begin{cases} c_m = \dfrac{M}{RT}P_m \\ c_f = \dfrac{M}{RT}P_f \end{cases} \tag{4-17}$$

式中,M——气体摩尔质量,g/mol;

R——普适气体常数,8.314 J/(mol·K);

T——气体温度,K。

将式(4-15)、式(4-16)及式(4-17)联立,我们可以得到关系:

$$k_m = \frac{\mu}{P_m}D_F \tag{4-18}$$

式中,μ——动力黏度,Pa·s。

另外,我们可以从描述 Klinkenberg 效应的公式来推出上述表达式。根据 Klinkenberg 效应,表观渗透率和多孔介质本身的总体渗透率遵循以下关系[177]:

$$k_a = k_{total}\left(1 + \frac{b'}{P}\right) \tag{4-19}$$

式中,k_a——表观渗透率,m^2;

k_{total}——多孔介质的总体渗透率,m^2;

P ——瓦斯压力，MPa；

b' ——Klinkenberg 效应因子，其等于：

$$b' = \frac{D_e \mu}{k_{total}} \qquad (4-20)$$

而对于有效扩散系数的表观值 D_e^a 和有效扩散系数 D_e，有如下关系[177]：

$$D_e^a = D_e + \frac{k_{total}}{\mu} P \qquad (4-21)$$

综合式(4-19)、式(4-20)、式(4-21)，我们同样可以得出适用于多孔介质的表观渗透率和表观扩散系数的关系：

$$k_a = \frac{\mu}{P} D_e^a \qquad (4-22)$$

上式的形式和式(4-18)的形式一致。也就是说，对于连续气态介质，实验测出的渗透率和扩散系数是可以在数学上相互转化的，而这种转化关系适用于多孔介质中气态传质过程。事实上，在对扩散形式进行分类时，认为毛细管直径在大于扩散分子平均自由程时属于分子扩散，若按此理解在大直径管道中的渗流现象即为多个分子的分子扩散现象的集合表现(此处忽略随流项的叠加作用)。此外，爱因斯坦和斯托克斯在 1902 年研究扩散问题时，也曾推导出了层流运动中分子的扩散系数，建立了著名的斯托克斯-爱因斯坦(Stocks-Einstein)方程，在方程中也引入了黏度等属于渗流范畴的参数[178]。相反地，Wang 和 Liu[179]也曾运用实验测得的扩散系数去估算煤体表观渗透率的值。因此，在压力和浓度两者可以互相转化的情况下，表观扩散和渗流的界限是很难评定的。

应该指出的是，纯扩散行为和纯渗流行为是有区别的。但在通常的实验条件下，以测得的瓦斯解吸曲线推导出扩散系数或者以瞬态法测出渗透率这两种方法推出的值均是表观值，即表观扩散系数或者表观渗透率(下文中如不特殊说明，扩散系数均指代表观扩散系数)。这两种表观物理量综合表现了扩散和流动两种传质行为(扩散项和随流项，表观扩散系数大于实际的分子扩散系数就来源于随流项的叠加作用)，在描述某一流体在多孔介质中的传播过程并没有很明显的差异。因此对于煤中同一连续气态介质的解吸问题，既可以用扩散方程描述，也能用渗流方程进行描述。差异在于使用哪一种方程更符合实验条件，更能得出易于理解和应用的结论。所以对于瓦斯解吸过程，基质和裂隙系统的流动便可以统一化用基质渗透率和裂隙渗透率来表征，反之也可以统一用扩散方程来描述。

文献中，多数科学家都采用过后者的关系，利用双孔扩散模型去拟合大尺度煤体(此时裂隙系统并未完全被损坏)解吸或吸附过程中的扩散—渗流过程，取得了很好的拟合效果。而运用双渗模型去描述瓦斯流动的研究则较少。因为通常情况下，煤体基质的渗透率要远小于煤体裂隙的渗透率,所以以往的大多数渗透率模型都只考虑了煤体裂隙的渗透率,以孔隙裂隙率的变化或者裂隙应变的变化为基准,推导出符合各种加载条件的渗透率变化公式。但也有部分学者认为基质流动可以用渗流行为来表征。Mora 和 Wattenbarger [176]曾将基质扩散过程转换为压力驱动的渗流过程进行基质形状与瓦斯抽采的关系研究。Golf-Racht[180]于 1982 年提出基质渗透率与裂隙渗透率之和等于煤体总的渗透率。Liu 等[181, 182]于 2010 年将其引入渗透率模型中,取得了很好的拟合效果,即:

$$k_{total} = k_m + k_f \tag{4-23}$$

式中,k_f ——裂隙渗透率,m^2。

事实上,在 Golf-Racht 首次提出此渗透关系时,用了"maybe"一词,并没有给出关于此公式的推导过程和使用条件。而我们从 Darcy 定律可知:

$$q_{total} = k_{total} \frac{\Delta P A_{total}}{\mu L_{total}} \tag{4-24}$$

式中,q_{total} ——单位时间通过的瓦斯流质量,g/s。

ΔP ——沿流动方向的压降,MPa;

A_{total} ——横截面积,m^2;

L_{total} ——沿流动方向的渗透路径长度,m。

式(4-23)中暗含的是并联的关系,因为在简化时省略的是较小的参数 k_m,而如果是串联的关系,则应省略较大的量 k_f,那么有:

$$q_{total} = q_m + q_f = \frac{A_m k_m}{\mu} \frac{\Delta P_m}{L_m} + \frac{A_f k_f}{\mu} \frac{\Delta P_f}{L_f} = k_{total} \frac{\Delta P A_{total}}{\mu L_{total}} \tag{4-25}$$

式中,A_m,A_f ——基质系统和裂隙系统的流动横截面积,m^2;

L_m,L_f ——基质系统和裂隙系统中流动的路径长度,m。

所以要想使式(4-23)成立,就必须满足如下关系(并联关系,压差相等):

$$\frac{A_m}{L_m} = \frac{A_f}{L_f} = \frac{A_{total}}{L_{total}} \tag{4-26}$$

此种并联关系的建立意味着基质和裂隙两种系统必须满足上述的几何比例关系。此外,也暗含着一些苛刻的限制条件,例如:①孔隙裂隙系统的流体流动方向必须是相互平行的,否则便会产生垂直于孔道中心方向的流动,两种系统会产生交汇叠加,不能独立流动;②两个系统的压降是相同的。

不可否认,在常规的大基质尺度煤体渗透率实验中(图 4-15),通过向柱形标样两端注入外源瓦斯流,以瞬态压力脉冲法测出的渗透率是可以用上述约束条件进行简化的。基质系统中的流动与裂隙系统中的流动可以假设为存在着完全意义上的重叠关系,即共用一个流动通道,但分配不同的流体质量分数。此时获得了几何意义上完全的重叠,所得的渗透率也可以近似认为是基质渗透率和裂隙渗透率之和。

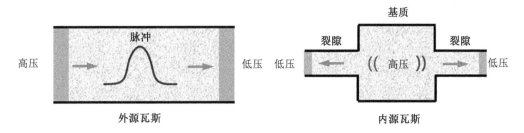

图 4-15　外源瓦斯瞬态法测煤体渗透率与内源瓦斯解吸过程的瓦斯流动方式对比

但如果我们将其应用于内源瓦斯的解吸过程又显得有些不妥。瓦斯流并不是同时经过渗流和基质系统,而是先经过基质系统,后解吸进入裂隙系统。此种传质方式更像是串联的关系。另外,由于不共用一个传质通道,两者所经过的孔道截面面积并不重叠,所形成的压降也不尽相同。这就意味着,所形成的流动的质量大小还受控于基质暴露于裂隙的面积和压降梯度。所以计算内源瓦斯解吸条件下的基质渗透率和裂隙渗透率显得尤为重要。

目前,经典的渗透率简化模型主要有三类,分别为平行板模型、火柴杆模型和立方体模型,如图 4-16 所示。三个模型虽然逐步变得复杂,所允许的流动也从二维变为了三维,

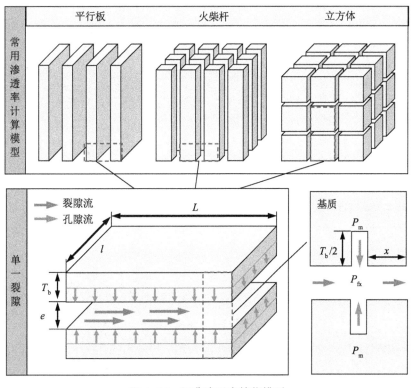

图 4-16　经典渗透率简化模型

但模型从本质上说都是一系列单层裂隙的集合。我们选取一个裂隙微元进行分析。假设该裂隙是长 L、宽 l、厚度为 T_b、间隔为 e 的两个平行平板的组合体。基质扩散流从中心为 $T_b/2$、压力源为 P_m 处垂直于裂隙流进行扩散；裂隙渗流在裂缝高度为 e 的裂隙中进行流动。对于立方体模型，因为裂隙宽度 e 远远小于基质尺度 T_b，所以在几何上可以近似为 $L = n(e + T_b) \approx nT_b$（$n$ 为裂隙个数），即在平行于流动的方向各基质块无间隙地凝合在一起，立方体模型便转化为了火柴杆模型；类似地，对于火柴杆模型 $l = n(e + T_b) \approx nT_b$，即在垂直于流动的方向各火柴杆无间隙地凝合在一起，火柴杆模型便转化为了平行板模型。所以本质上，仅分析单层平行板模型即可普遍地解释流动现象。

假设基质中的瓦斯压力为 P_m，则对于基质系统，压力梯度为：

$$\frac{P_m - P_{fx}}{T_b/2} = (P_m - P_{fx})\frac{2}{T_b} = \left(P_m - \frac{x}{L}P_f\right)\frac{2}{T_b} \tag{4-27}$$

式中，x ——孔隙通道距离裂隙通道右端的距离，m。

基质中流动经过的截面积为：

$$A_m = Ll \tag{4-28}$$

对于裂隙系统，压力梯度为：

$$\frac{P_f - 0}{L} = \frac{P_f}{L} \tag{4-29}$$

裂隙中流动经过的截面积为：

$$A_f = el \tag{4-30}$$

假设基质流完全进入了裂隙流，因为基质流从上、下两个方向进入裂隙，所以基质流应加倍，有：

$$q_{mi} = 2 \times \frac{2A_m k_m}{\mu}\frac{\Delta P}{T_b} = k_m\frac{4l \cdot \Delta x}{T_b\mu}(P_m - P_{fx}) = k_m\frac{4l}{T_b\mu}(P_m - P_{fx})\mathrm{d}x \tag{4-31}$$

式中　q_{mi} ——单个裂隙中瓦斯源的质量流量，g/s。

对上式进行积分，得：

$$\begin{aligned} q_m &= k_m\frac{4l}{T_b\mu}\int_0^L\left(P_m - \frac{x}{L}P_f\right)\mathrm{d}x \\ &= k_m\frac{4Ll}{T_b\mu}\left(P_m - \frac{P_f}{2}\right) \end{aligned} \tag{4-32}$$

裂隙流动质量为：

$$q_f = \frac{A_f k_f}{\mu}\frac{\Delta P}{L} = k_f\frac{el}{\mu}\frac{P_f}{L} \tag{4-33}$$

如果是裂隙控制流动,则有关系:

$$q_\text{m} > q_\text{f} \tag{4-34}$$

如果是孔隙控制流动,则有关系:

$$q_\text{m} < q_\text{f} \tag{4-35}$$

令

$$k_\text{m} \frac{4Ll}{T_\text{b}\mu}\left(P_\text{m} - \frac{P_\text{f}}{2}\right) = k_\text{f} \frac{el}{\mu} \frac{P_\text{f}}{L} \tag{4-36}$$

此时,定义特征渗透率比值来说明流动传质的主控因素,即:

$$\kappa = \frac{k_\text{m}}{k_\text{f}} = \frac{el}{\mu} \frac{P_\text{f}}{L} \bigg/ \left[\frac{4Ll}{T_\text{b}\mu}\left(P_\text{m} - \frac{P_\text{f}}{2}\right)\right] = \frac{T_\text{b}e}{4L^2(P_\text{m}/P_\text{f} - 1/2)} \tag{4-37}$$

因此,当 $k_\text{m}/k_\text{f} > \kappa$ 时,基质流质量大于裂隙流质量,流动主控因素是裂隙流动;当 $k_\text{m}/k_\text{f} < \kappa$ 时,基质流质量小于裂隙流质量,流动主控因素是基质流动;当 $k_\text{m}/k_\text{f} = \kappa$ 时,基质流质量等于裂隙流质量,基质系统和裂隙系统平等作用,共同控制主体流动。

如果考虑孔隙曲折度 τ 的影响,且将式(4-37)中的部分参数整理,令 $L = \tau L_0$,$e = \widehat{\alpha} T_\text{b}$ 且 $\lambda_\text{p} = \widehat{\alpha}/[\tau^2(P_\text{m}/P_\text{f} - 1/2)]$,则有:

$$\kappa = \frac{k_\text{m}}{k_\text{f}} = \frac{T_\text{b} \cdot \widehat{\alpha} T_\text{b}}{4\tau^2 L_0^2(P_\text{m}/P_\text{f} - 1/2)} = \frac{\widehat{\alpha}}{4\tau^2(P_\text{m}/P_\text{f} - 1/2)}\left(\frac{T_\text{b}}{L_0}\right)^2 = \lambda_\text{p}\left(\frac{T_\text{b}}{2L_0}\right)^2 \tag{4-38}$$

式中　L_0——孔中心到表面的距离,m;

　　　τ——曲折度;

　　　$\widehat{\alpha}, \lambda_\text{p}$——自定义系数。

从上式可以看出 κ 的大小不仅与煤样的裂隙和基质的几何尺寸有关,还与瓦斯压力的分布有关,其与 $\left(\dfrac{T_\text{b}}{2L_0}\right)^2$ 成正比。当 $2L_0 > T_\text{b}$ 时,随着粒径的逐渐增大,裂隙控制区域逐渐加大,表示该系统更容易控制整体流动;当 $2L_0 = T_\text{b}$ 时,表示基质尺度和粒径大小相等,κ 只决定于 P_m/P_f、τ 和 e/T_b 的大小;当 $2L_0 < T_\text{b}$ 时,裂隙系统被完全摧毁,所以 κ 没有物理意义。因此,不考虑孔隙裂隙系统中流体的流动方向、压力梯度等因素,而仅仅比较渗透率大小来判断扩散和渗流两种流动行为可否被忽略是不合理的。Guo 等[24]与卢守青[171]对煤的基质尺度进行过实验测算,认为基质尺度($2T_\text{b}$)为毫米数量级;而裂隙开度一般比基质尺度小 2 到 3 个数量级。因此可以认为对于常规解吸粒径(1~3 mm),即 L 也为毫米数量级,有 $e \ll T_\text{b} \approx L$,则可以推测出 κ 为 $10^{-3} \sim 10^{-2}$ 数量级。由此可知,基质渗透率并不需要达到大于裂隙渗透率的值才能控制总体的流动。另外需要指出的是,式(4-38)并没有考虑外加应力以及吸附膨胀的作用。因此随着瓦斯压力的变化,e 和 T_b 的大小也会改变,进而影响 κ 的大小。

4.3.2　Comsol 数值模拟及实现

渗透率表征了多孔介质允许流体通过其本身的能力,但并不决定通过其自身的流体质量大小,其还与压力梯度、黏度以及渗流面积有关。由 4.3.1 小节可知,极小的渗透率在大的渗透面积下也能形成大质量的流动。反之,较大的渗透率在渗透面积极小的情况下形成的流动也可以忽略不计。对于基质而言,其具有大的渗流面积,虽渗透率极小,但可以向裂隙涌入大质量的瓦斯;而对于裂隙,其渗透率远远大于基质渗透率,但只有较小的孔道流动面积,所以形成的质量流动有限。

从这个特性出发,我们可以把解吸过程类比为一个水箱与管道串联的模型。基质控制流动与裂隙控制流动分别可以类比供水过程中的"水压不够"与"阀门节流"现象。显而

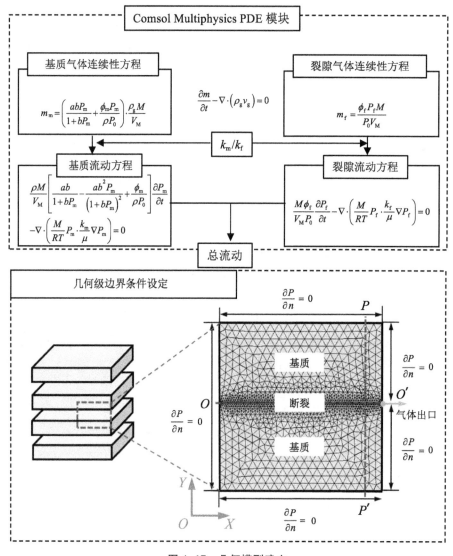

图 4-17　几何模型建立

易见,当水流不足以填满管道时,管道自身的输送难易程度很难影响到水龙头出口的水流速度。而当水压达到一定水平时,水龙头出口的水流速度又只与水龙头阀门打开的大小有关。瓦斯解吸过程中同样存在类似的"欠压效应"和"节流效应"。Pillalamarry 等[183]认为在抽采末期,钻孔的抽采量由扩散控制,其可以认为是瓦斯解吸的"欠压效应"。而在绝大多数文献中,在计算渗透率模型时,都只考虑了裂隙渗透率的大小,从另一方面也说明了瓦斯裂隙的"节流效应"。

本书采用双渗模型的方法进行解吸数值模拟,建立如图 4-17 所示的几何模型。因为 κ 的大小与流动垂直的方向长度 l 无关,所以模型可取立方体模型某一单元面形成二维平面模型,由两个基质块和裂隙孔道组成。瓦斯从基质流出,进入裂隙孔道,最后从裂隙孔道右端涌出。

煤粒中瓦斯连续性方程可表示为:

$$\frac{\partial m}{\partial t} - \nabla \cdot (\rho_g v_g) = 0 \tag{4-39}$$

式中,m ——瓦斯质量,g;

t ——解吸时间,s;

ρ_g ——瓦斯气体密度,kg/m³;

v_g ——瓦斯气体流速,m/s。

对于基质中的孔隙系统,瓦斯有游离态和吸附态两种状态,那么在基质中:

$$m_m = \left(\frac{ab P_m}{1 + b P_m} + \frac{\phi_m P_m}{\rho_g P_0} \right) \cdot \frac{\rho_g M}{V_M} \tag{4-40}$$

式中,a,b—— 两个吸附常数,a 值和 b 值,见表 4-3。

而对于裂隙系统,瓦斯只有游离状态,则:

$$m_f = \frac{\phi_f P_f}{\rho_g P_0} \frac{\rho_g M}{V_M} = \frac{\phi_f P_f M}{P_0 V_M} \tag{4-41}$$

式中,m_m,m_f ——基质系统和裂隙系统中的瓦斯质量,g;

ϕ_m,ϕ_f ——基质系统和裂隙系统中的孔隙率,%;

V_M ——气体摩尔体积,22.4 L/mol。

因此,对基质系统联立式(4-39)和式(4-40),对裂隙系统联立式(4-39)和式(4-41)便可分别得到两个系统的控制方程:

$$\frac{\rho_g M}{V_M} \left[\frac{ab}{1 + b P_m} - \frac{ab^2 P_m}{(1 + b P_m)^2} + \frac{\phi_m}{\rho_g P_0} \right] \frac{\partial P_m}{\partial t} - \nabla \cdot \left(\frac{M}{RT} P_m \cdot \frac{k_m}{\mu} \nabla P_m \right) = 0 \tag{4-42}$$

$$\frac{M\phi_f}{V_M P_0} \frac{\partial P_f}{\partial t} - \nabla \cdot \left(\frac{M}{RT} P_f \cdot \frac{k_f}{\mu} \nabla P_f \right) = 0 \tag{4-43}$$

由于上述建立的数值模型是个复杂的偏微分方程,难以通过解析方法得到精确的解析解,所以有限元法是唯一的数值模拟实现手段。本书采用渗流模拟常用的 Comsol Multiphysics 软件,运用有限元法对建立的偏微分方程求解,从而实现真实的解吸过程模拟。在模拟过程中,本构模型的建立需应用到 PDE 模块,该模块提供的本构模型形式有系数型、通式型以及弱解型三种。这里采用通式型进行模型内核撰写,其形式为:

$$e_a \frac{\partial^2 u}{\partial t^2} + d_a \frac{\partial u}{\partial t} + \nabla \cdot \Gamma = f_s \tag{4-44}$$

式中　e_a, d_a——方程中的质量系数;

　　　Γ——通量表达式;

　　　f_s——质量源项。

对式(4-44)进行赋值便可得到适用于基质和裂隙不同区域的本构方程。可以发现对于基质流动通式方程有下属赋值:

$$\begin{cases} e_a = 0 \\ d_a = \dfrac{\rho_g M}{V_M} \left[\dfrac{ab}{1+bP_m} - \dfrac{ab^2 P_m}{(1+bP_m)^2} + \dfrac{\phi_m}{\rho_g P_0} \right] \\ \Gamma = \dfrac{M}{RT} P_m \cdot \dfrac{k_m}{\mu} \nabla P_m \\ f_s = 0 \end{cases} \tag{4-45}$$

而对于裂隙系统,通式方程有

$$\begin{cases} e_a = 0 \\ d_a = \dfrac{M\phi_f}{V_M P_0} \\ \Gamma = \dfrac{M}{RT} P_f \cdot \dfrac{k_f}{\mu} \nabla P_f \\ f_s = 0 \end{cases} \tag{4-46}$$

之后,进行初始值及边界设定。对裂隙通道右边界设定为逸散边界,逸散压力为大气压。而对模型其他边界设定为非流动边界。模型参数如表4-3所示。

表4-3　模型参数

变量	含义	单位	值
ϕ_m	基质孔隙率	—	0.01
ϕ_f	孔隙裂隙率	—	0.06
k_m/k_f	基质裂隙渗透率比值	—	0.01
k_f	裂隙渗透率	m²	2.5×10^{-19}

变量	含义	单位	值
a	Langmuir 吸附常数 a	m³/t	20
b	Langmuir 吸附常数 b	MPa^{-1}	1
T	温度	K	303
ρ_{g}	瓦斯气体密度	kg/m³	0.716
μ	动力黏度	Pa·s	1.08×10^{-5}

模拟过程中主要观测压力 P 沿裂隙中心线及近逸散口垂直于裂隙通道的参考线的几何分布，并应用面指针工具，对逸散边界涌出的瓦斯进行监测，得出解吸瓦斯质量随时间的变化规律。之后改变基质渗透率与裂隙渗透率的比值，按 0.000 1、0.001、0.01、0.1、1、10 几种模拟设定，观察这几种情况下的压力分布变化及解吸曲线变化。

4.3.3 不同主控渗透率情况下解吸曲线形态变化

图 4-18 绘出了不同基质裂隙渗透率比值下的解吸曲线模拟结果。由于孔隙压力和裂隙压力在各自区域内是非均匀分布，存在几何分布特征，基质渗透率和裂隙渗透率的特征比值 κ 的准确值是难以确定的，只可以得出大致的数量级（范围应在 0.001～0.1 之间）。将此范围定义为孔隙流动和基质流动共同作用的过渡区，该区域内的某一解吸曲线定义为孔隙流动控制和基质流动控制的分界线。则在该分界线以上，即当 $k_{\mathrm{m}}/k_{\mathrm{f}} < \kappa$ 时，属于孔隙流动控制区。在此区域内，解吸曲线因孔隙裂隙"节流"作用不足呈现短时间内达到较高解吸质量、解吸速度大的特征，解吸曲线形态上越来越靠近 Y 轴。而在分界线以下，即当 $k_{\mathrm{m}}/k_{\mathrm{f}} > \kappa$ 时，属于裂隙流动控制区。此区域的解吸曲线随着孔隙裂隙渗透率比值的增加，"节流"作用逐渐增强，呈现低速、长时间的特征，解吸曲线形态上越来越靠近 X 轴。

需要指出的是，不仅曲线在基质裂隙渗透率比值改变时会发生形态改变，同一条解吸曲线在不同时间段也会发生裂隙渗透率和基质渗透率控制权的交换，如图 4-19 所示。在瓦斯源充足的情况下，初期解吸曲线与裂隙几何形态密切相关，此时解吸曲线大多由于裂隙的"节流"作用呈近直线状分布。而随着时间的推进，瓦斯源会逐渐减少，裂隙的"节流"作用也会逐渐降低。此时，裂隙的几何特征对流动的主导影响已经变得微乎其微，补充的瓦斯流动不足以填满大空间的裂隙时，解吸速度便会发生衰减，曲线斜率降低，整体上向幂函数型曲线变化。这也解释了同一解吸曲线不同时间段适用不同解吸数学经验模型以及不同时间段平均菲克扩散系数发生变化的现象。

而分别取模型截面的裂隙中心水平线 OO' 和距右边界 0.1 mm 的近右出口垂直线 PP' 进行压力分布观察，两条直线的压力分布及 10 min 时总体的压力分布云图如图 4-20 所示。从图中可以发现，随着 $k_{\mathrm{m}}/k_{\mathrm{f}}$ 的降低，同一时刻瓦斯卸压区的范围逐渐增大，瓦斯

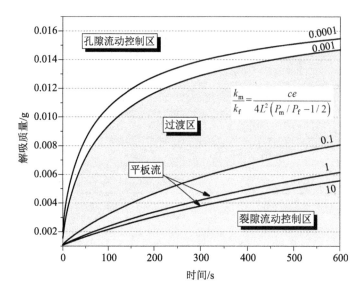

图 4-18　不同基质裂隙渗透率比值下的解吸曲线模拟结果

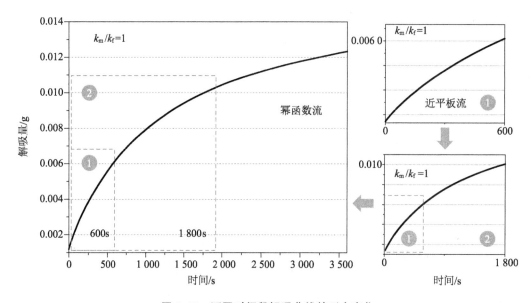

图 4-19　不同时间段解吸曲线的形态变化

解吸的难度逐渐减小,在垂向上(沿 PP' 方向)呈现明显的压力梯度带。低裂隙渗透率的存在,造成基质瓦斯难以逸散,加大了解吸的难度和时间长度。但此时由于基质渗透率较高,裂隙中形成的压力降会很快传递到基质深处,所以沿垂直线 PP' 方向上曲线呈较平缓的波纹状分布,如图 4-20(a-1)所示。而在沿中心水平线 OO' 方向上,会形成大的压力梯度带,裂隙中的瓦斯会很好地保存,如图 4-20(a-2)所示。反观高裂隙渗透率的情况,裂隙压力分布和基质压力分布与低裂隙渗透率情况相反,裂隙中压力会迅速降低为零,而基质中的压力反而会长时间保留,形成较高的压力降,如图 4-20(f-1)和图4-20(f-2)所示。

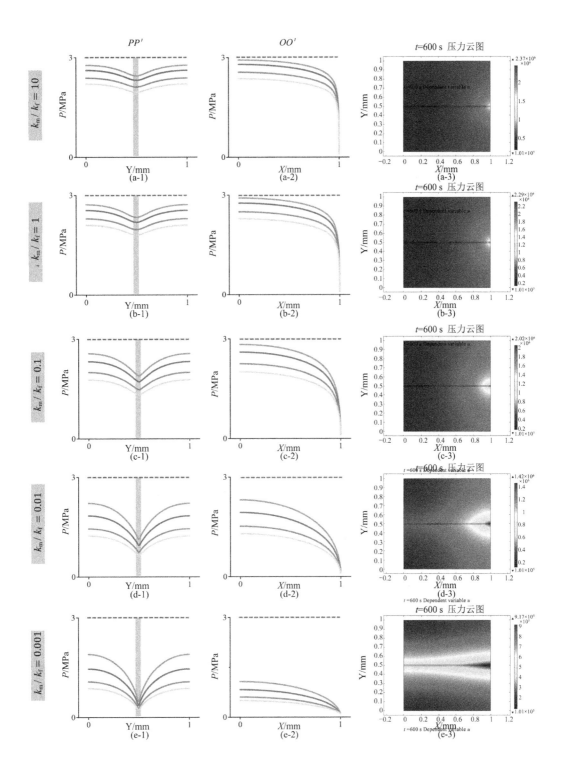

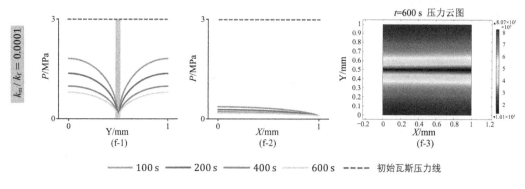

图 4-20　压力分布模拟结果

4.4　主控流动形式对解吸曲线形状的影响

4.4.1　基质扩散方程

对于双重孔隙结构，可以将其流动形式进行分类表征。对于孔隙系统，文献中常用的方法是将其假设成球状孔隙，或是将基质看作是球形基质。其无穷级数解为[96]：

$$\frac{M_t}{M_\infty} = 1 - \frac{6}{\pi^2} \sum_{n=1}^{\infty} \frac{1}{n^2} \exp\left(\frac{-D_F n^2 \pi^2}{a_P^2} t\right) \tag{4-47}$$

式中，D_F——菲克扩散系数，m^2/s；

M_t，M_∞——任意时刻和无穷大时刻单位质量煤体瓦斯累计解吸的质量，g/g；

a_P——煤粒粒径，mm。

上式也被称为单孔模型。在小时间尺度下，其又可以转换为：

$$\frac{M_t}{M_\infty} = 6\left(\frac{D_F t}{a_P^2}\right)^{1/2}\left[\frac{1}{\sqrt{\pi}} + 2\sum_{n=1}^{\infty} \text{ierfc}\left(\frac{na_P}{\sqrt{D_F t}}\right)\right] - 3\frac{D_F t}{a_P^2} \tag{4-48}$$

在更短时间内，有近似于 Barrer 式[104]的浓度变化规律存在：

$$\frac{M_t}{M_\infty} = 6\left(\frac{D_F t}{\pi a_P^2}\right)^{1/2} = k_1\sqrt{t} \tag{4-49}$$

式中，k_1——比例系数。

Crank[96]通过计算发现，对于表面浓度恒定的半无限介质扩散，包括平板、圆柱、球体扩散等，其在前期特定时间段内均与 $\sqrt{t}$ 呈线性关系。Zhang[98]通过玻尔兹曼变换，得出此种条件下组分浓度 c 仅为 $x/\sqrt{4D_F t}$ 的函数：

$$c = c_1 + (c_0 - c_1)\text{erfc}\left[x/(4D_F t)^{1/2}\right] \tag{4-50}$$

式中，c_0，c_1——球心和球表面的浓度，g/mL。

因此，不管基质形状如何，短时间内组分浓度 c 均可看作是 $\sqrt{t}$ 的线性函数。

4.4.2　裂隙流动方程

而对于裂隙系统,以往研究多认为是由压力控制的平板型流动,对于截面积为 A、厚度为 l 的板状空间,根据零级动力学方程[184],有:

$$\frac{\mathrm{d}M_t}{\mathrm{d}t} = k_0 A \tag{4-51}$$

式中,k_0——零级动力学方程比例系数。

对于任意时刻,扩散面运移至距表面 X 处时,扩散的总质量为:

$$M_t = c_X A \left(\frac{l}{2} - X \right) \tag{4-52}$$

式中,c_X——扩散面处的瓦斯浓度,g/mL。

将上式代入动力学方程中,则:

$$\frac{\mathrm{d}X}{\mathrm{d}t} = -\frac{k_0}{c_X} \tag{4-53}$$

则有:

$$X = \frac{l}{2} - \left(\frac{k_0}{c_X} \right) t \tag{4-54}$$

所以:

$$M_t = c_X A \left(\frac{l}{2} - X \right) = c_X A \left(\frac{l}{2} - \frac{l}{2} + \frac{k_0}{c_X} t \right) = A k_0 t \tag{4-55}$$

令 $M_\infty = \dfrac{c_X A l}{2}$,则:

$$\frac{M_t}{M_\infty} = \frac{2k_0}{c_X l} t = k_2 t \tag{4-56}$$

式中,k_2——比例系数。

而对于柱状和球状流动,传质质量分数与时间的关系也较为类似:

$$\frac{M_t}{M_\infty} = 1 - \left(1 - \frac{k_0}{c_X a_P} t \right)^{n_0} \tag{4-57}$$

上式中 n_0 的取值与传质空间的几何形状有关,对于柱状和球状流动,可分别取 2 和 3,而当 $n_0 = 1$ 时便可转换为平板流流动方程。

4.4.3　孔隙裂隙系统瓦斯流动半经验模型建立

将上述扩散和流动的解析解及近似解加以整理,可得表 4-4。从表中可以发现:对于全时间段解,扩散方程满足 $f(\mathrm{e}^{-k_1 t})$ 的形式;而对于裂隙系统,其满足 $f(k_2 t)$ 的形式。

表 4-4　基质扩散、裂隙流动与传质空间几何形状的关系

区域	传质形式	常用边界条件解析解	短时间解
孔隙	平板扩散	$\dfrac{M_t}{M_\infty} = 1 - \sum\limits_{n=0}^{\infty} \dfrac{8}{(2n+1)^2\pi^2}\exp\left[\dfrac{-D_F(2n+1)^2\pi^2}{l^2}t\right]$	$\dfrac{M_t}{M_\infty} = 4\left(\dfrac{D_F t}{\pi l^2}\right)^{1/2}$
孔隙	柱状扩散	$\dfrac{M_t}{M_\infty} = 1 - \sum\limits_{n=1}^{\infty} \dfrac{4}{a_P^2\alpha_n^2}\exp(-D_F\alpha_n^2 t)$	$\dfrac{M_t}{M_\infty} = 4\left(\dfrac{D_F t}{\pi a_P^2}\right)^{1/2}$
孔隙	球状扩散	$\dfrac{M_t}{M_\infty} = 1 - \dfrac{6}{\pi^2}\sum\limits_{n=1}^{\infty}\dfrac{1}{n^2}\exp\left(\dfrac{-D_F n^2\pi^2}{a_P^2}t\right)$	$\dfrac{M_t}{M_\infty} = 6\left(\dfrac{D_F t}{\pi a_P^2}\right)^{1/2}$
裂隙	平板流动	$\dfrac{M_t}{M_\infty} = \dfrac{2k_0}{c_X l}t$	—
裂隙	柱状流动	$\dfrac{M_t}{M_\infty} = 1 - \left(1 - \dfrac{k_0}{c_X a_P}t\right)^2$	$\dfrac{M_t}{M_\infty} = \dfrac{2k_0}{c_X a_P}t$
裂隙	球状流动	$\dfrac{M_t}{M_\infty} = 1 - \left(1 - \dfrac{k_0}{c_X a_P}t\right)^3$	$\dfrac{M_t}{M_\infty} = \dfrac{3k_0}{c_X a_P}t$

参考双孔模型的建立方法,将扩散系统和渗流系统看作两个独立的互不干扰的系统,那么其总体流动就相当于两种流动进行并联,可以得到:

$$\frac{M_1}{M_{1\infty}} = f(e^{-k_1 t}) \tag{4-58}$$

$$\frac{M_2}{M_{2\infty}} = g(k_2 t) \tag{4-59}$$

$$\begin{aligned}
\frac{M_t}{M_\infty} &= \frac{M_1 + M_2}{M_{1\infty} + M_{2\infty}} = \frac{M_1/M_{1\infty}}{1 + M_{2\infty}/M_{1\infty}} + \frac{M_2/M_{2\infty}}{M_{1\infty}/M_{2\infty} + 1} \\
&= \frac{\zeta}{1+\zeta}\frac{M_1}{M_{1\infty}} + \frac{1}{1+\zeta}\frac{M_2}{M_{2\infty}} \\
&= \lambda\frac{M_1}{M_{1\infty}} + (1-\lambda)\frac{M_2}{M_{2\infty}} \\
&= \lambda f(e^{-k_1 t}) + (1-\lambda)g(k_2 t)
\end{aligned} \tag{4-60}$$

式中,ζ—— 双孔系统两种系统解吸量比值,$\zeta = \dfrac{M_{1\infty}}{M_{2\infty}}$;

λ—— 双孔系统中某一系统贡献解吸分数,$\lambda = \dfrac{\zeta}{1+\zeta}$;

M_1,M_2—— 煤粒各孔隙系统 t 时刻的解吸质量,g/g;

$M_{1\infty}$,$M_{2\infty}$ ——煤粒各孔隙系统的极限解吸质量,g/g。

而在短时间内,基质系统中,扩散质量分数与时间呈平方根关系。裂隙系统中,流动质量分数与时间呈线性关系,即:

$$\frac{M_t}{M_\infty} = \lambda\frac{M_1}{M_{1\infty}} + (1-\lambda)\frac{M_2}{M_{2\infty}} = \lambda k_1\sqrt{t} + (1-\lambda)k_2 t \tag{4-61}$$

Ritger 和 Peppas[184]认为上述函数有如下近似关系：

$$k'_1\sqrt{t} + k'_2t \approx kt^n \qquad (4\text{-}62)$$

式中 k'_1，k'_2，k——比例系数，其中 $k'_1 = \lambda k_1$，$k'_2 = (1-\lambda)k_2$。

由于 $\sqrt{t}$ 模型在简化时，只对质量百分比小于 60% 的吸附解吸数据有高度拟合性，所以 Ritger 和 Peppas[184]认为 kt^n 也只能描述该区域的吸附解吸数据，解吸质量分数大于 60% 模型便不可靠。而 Smith 和 Williams[100]则认为，$\sqrt{t}$ 模型只适用于质量百分比小于 50% 的区域，且把解吸时间缩短到了 10 min。但在实际拟合过程中会发现，使用等式左边进行拟合，即使用 $k'_1\sqrt{t} + k'_2t$ 时，的确会发生拟合度较差的结果；而直接用等式右边进行拟合，即使用 kt^n 时，拟合效果却很好，拟合精度均在 0.99 以上。究其原因，主要是上述幂函数的近似关系扩大了方程的适用区间。

我们可以将式(4-62)近似关系的简化思路拓展为：形如 kt^n 的多项式的线性组合，其大小总体上近似于 k 与 n 重新赋值的 kt^n，即：

$$k_1\sqrt{t} + k_2t + k_3t^2 + \cdots + k_nt^n \approx kt^n \qquad (4\text{-}63)$$

与经典的 $\sqrt{t}$ 模型对比发现，其仅仅是 kt^n 模型中 $n=0.5$ 的特例。因此，$\sqrt{t}$ 模型适用的条件不应是 kt^n 模型的充要条件，而只是充分条件。

另外，还可以从方程形式上分析其原因。观察适用于全时间段的单孔模型的解析解，会发现其中任意一项都是关于 t 的 e^t 形式的多项式，即：

$$x_n = \frac{6}{\pi^2}\frac{1}{n^2}\exp\left(\frac{-D_Fn^2\pi^2}{a_P^2}t\right) \qquad (4\text{-}64)$$

而根据泰勒级数展开式可知：

$$e^x = 1 + \frac{1}{1!}x + \frac{1}{2!}x^2 + \frac{1}{3!}x^3 + o(x^3) \qquad (4\text{-}65)$$

参照式(4-63)的简化方法，可得：

$$e^t = 1 + \frac{1}{1!}t + \frac{1}{2!}t^2 + \frac{1}{3!}t^3 + o(t^3)$$
$$\approx kt^n \qquad (4\text{-}66)$$

为了考证上述近似关系的准确性，绘出函数 $f(t)=e^t$ 与 $f(t)=kt^n$ 的图像，如图 4-21 所示。在图中的区间里，两条曲线近似重合，拟合度高达 0.996 9。由于自变量 t 是整数，可以预见随着 t 的增大，泰勒级数展开式的前几项占的权重会越来越小，

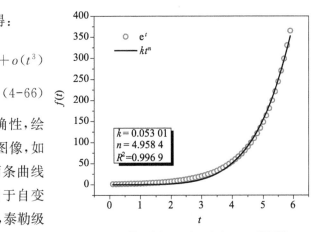

图 4-21 函数 $f(t)=e^t$ 与 $f(t)=kt^n$ 的图像

那么 e^t 与 kt^n 的拟合度就会越来越高。

而关于 kt^n 的线性组合产生的函数 $f(kt^n)$，也应近似等于 k 与 n 重新赋值后的 kt^n。 图 4-22(a) 中对比了单孔模型与 $f(t) = kt^n$ 模型的重合度，其能很好地表征单孔模型的变化趋势。类似地，双孔模型也能很好地由 $f(t) = kt^n$ 进行表示[图 4-22(b)]。双孔模型可看作是两个单孔模型的代数叠加，或是函数 e^t 的线性组合，其推导方法与式(4-60)类似，即：

$$\begin{cases} \dfrac{M_t}{M_\infty} = \lambda \, \dfrac{M_1}{M_{1\infty}} + (1-\lambda) \, \dfrac{M_2}{M_{2\infty}} \\[2mm] \dfrac{M_1}{M_{1\infty}} = 1 - \dfrac{6}{\pi^2} \sum_{n=1}^{\infty} \dfrac{1}{n^2} \exp\left(\dfrac{-D_{1F} n^2 \pi^2}{a_{1P}^2} t \right) \\[2mm] \dfrac{M_2}{M_{2\infty}} = 1 - \dfrac{6}{\pi^2} \sum_{n=1}^{\infty} \dfrac{1}{n^2} \exp\left(\dfrac{-D_{2F} n^2 \pi^2}{a_{2P}^2} t \right) \end{cases} \tag{4-67}$$

式中　D_{1F}，D_{2F} ——双孔系统各部分的菲克扩散系数，m^2/s；

　　　　a_{1P}，a_{2P} ——双孔系统各部分的理论孔径，mm。

根据式(4-66)的简化关系可知，$f(t) = e^t$ 与 $f(t) = kt^n$ 的图像相似度较高。那么，经典的双孔扩散模型解便可简化为：

$$\frac{M_t}{M_\infty} = \lambda \cdot f(e^t) + (1-\lambda) \cdot \varphi(e^t) \approx \lambda \cdot f(k't^{n1}) + (1-\lambda) \cdot \varphi(k''t^{n2}) \approx kt^n$$

$$\tag{4-68}$$

式中，$k't^{n1}$，$k''t^{n2}$ ——双孔系统中函数 e^t 的近似数学式。

图 4-22(b) 对比了双孔模型与 kt^n 的拟合差异，发现与理论分析的结论一致：双孔模型也可以用 $f(t) = kt^n$ 函数很好地拟合。因此，形如 $f(t) = kt^n$ 的解吸方程既可以近似地表示适用于全时间段的单孔模型，也可以有效地表示具有更高拟合度的双孔模型。

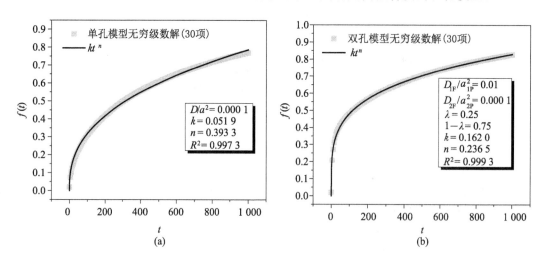

图 4-22　单、双孔模型与 kt^n 模型的拟合差异

此外，当扩散系统和孔隙系统完全消失，即多孔介质变为实心体时，孔隙扩散和裂隙扩散均不存在，只有表面扩散存在。此时解吸曲线又会符合伪一级吸附动力学方程。文献中，也有学者类比双孔扩散模型，将两项吸附动力学方程进行加和计算[27,185]，构建了可以描述表面吸附和孔扩散双重效应的数学模型。常用的有如下两个方程：

$$\begin{cases} \dfrac{M_t}{M_\infty} = \lambda_1 \dfrac{M_1}{M_{1\infty}} + (1-\lambda_1) \dfrac{M_2}{M_{2\infty}} \\[2mm] \dfrac{M_1}{M_{1\infty}} = 1 - \dfrac{6}{\pi^2} \sum_{n=1}^{\infty} \dfrac{1}{n^2} \exp\left(\dfrac{-D_{1F} n^2 \pi^2}{a_{1P}^2} t\right) \\[2mm] \dfrac{M_2}{M_{2\infty}} = \exp(-k_{2pse} t) \end{cases} \quad (4\text{-}69)$$

和

$$1 - \dfrac{M_t}{M_\infty} = \lambda_2 \cdot \exp(-k_{1pse} \cdot t) + (1-\lambda_2) \cdot \exp(-k_{2pse} \cdot t) \quad (4\text{-}70)$$

式中　λ_1, λ_2——比例系数；

　　　k_{1pse}, k_{2pse}——伪一级吸附动力学方程系数。

需要指出的是，虽然伪一级吸附动力学模型是在单层表面吸附假设下得出的，其本质上只适用于单层吸附现象，如金属表面吸附或一般化学吸附等，但与 Langmuir 等温吸附式类似，其对多孔介质物理吸附现象也有较好的拟合度，所以也常作为经验公式用来描述多孔介质的吸附行为，然而拟合的参数并不具有实际的物理意义。而从这个角度出发，可以得出一个有趣的结论：多孔介质的吸附扩散过程，实际是无穷多个一级吸附动力学方程，即无穷多个表面吸附扩散逐步叠加形成的，正如圆可以由无数个线段所拼合一样。综合分析式(4-60)和式(4-68)～式(4-70)，我们可以将经典的双孔模型转换为更具广泛意义的三项式，得到可以描述表面吸附扩散、孔隙扩散和裂隙流动三种传质形式的三孔模型：

$$1 - \dfrac{M_t}{M_\infty} \approx \widetilde{A} \dfrac{6}{\pi^2} \sum_{n=1}^{\infty} \dfrac{1}{n^2} \exp\left(\dfrac{-D_{1F} n^2 \pi^2}{a_{1P}^2} t\right) + \widetilde{B} \exp(-k_{2pse} t) + \widetilde{C}\left(1 - \dfrac{k_0}{C_0 a_{2P}} t\right)^{n_0}$$

$$(4\text{-}71)$$

式中，$\widetilde{A}$, $\widetilde{B}$, $\widetilde{C}$——各形式流动所贡献的解吸分数，满足 $\widetilde{A} + \widetilde{B} + \widetilde{C} = 1$，$0 \leqslant \widetilde{A} \leqslant 1$，$0 \leqslant \widetilde{B} \leqslant 1$，$0 \leqslant \widetilde{C} \leqslant 1$。

考虑到如式(4-63)、式(4-66)及式(4-68)的近似关系，式(4-71)依然可以近似为 $M_t/M_\infty = kt^n$ 的形式。所以该经验公式理论上可以很好地描述实验中出现的各种解吸曲线。但应该指出的是，在使用上述近似关系时必然会存在一定的使用范围，此范围取决于各近似关系适用范围的交集，即最大允许值。

4.4.4　n 的取值与解吸曲线的形状

由 4.4.3 小节分析可知,裂隙系统和孔隙系统传质质量的权重不同,造成拟合曲线形态不同,也代表着产生的 k 和 n 值不同,如图 4-23 所示。式(4-71)中 $\tilde{A}$、$\tilde{B}$ 的大小代表着基质孔隙系统中孔扩散及表面扩散的贡献大小,而 $\tilde{C}$ 值则代表着裂隙系统流动的贡献。当流动全部由裂隙控制,平板形、圆柱形、球形裂隙会分别产生与时间 t 成 1 次方、2 次方、3 次方的解吸曲线;而当流动全部由孔隙扩散进行控制时,随着孔隙形状的变化会产生不同的级数解;类似地,当流动全部由表面扩散或者表面吸附控制时,解吸曲线会呈现仅仅靠近 Y 轴的对数曲线。

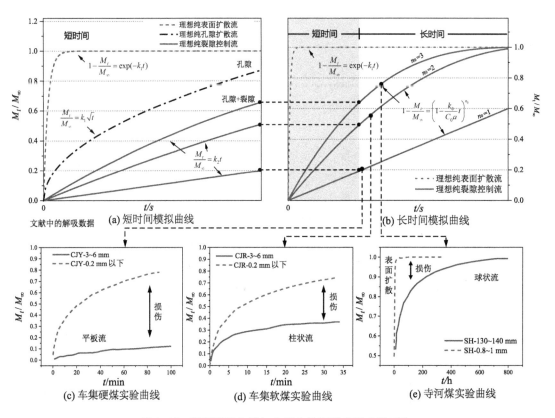

图 4-23　模型反演曲线与文献中的解吸实验曲线对比

相比于长时间的解析解,短时间的近似解则有更好的区分度,如果流动全部由裂隙控制,则解吸曲线近似于一条直线,此时 $n=1$;如果流动全部由孔隙扩散控制,则解吸曲线与 $\sqrt{t}$ 呈线性关系,线性关系的斜率则表征了扩散系数的大小,此时 $n=0.5$;如果流动全部由表面扩散或表面吸附控制,n 值应为大于零的常数(由于 $1+t=t^0+t^1$,此时拟合出的 n 值最小可取到零)。由于实际的流动是 $\tilde{A}$、$\tilde{B}$、$\tilde{C}$ 三者随机组合的结果,以纯流动为 n 值上限,以纯表面流为 n 值下限,则 n 值应满足关系 $0<n\leqslant3$。而在这个区间中,当 $n=0.5$、1、

2、3 这几个数值时，又可以说明某些特殊的流动状态，分别是孔隙扩散控制、平板流控制、柱状流控制和球状流控制型流动。

　　我们可以推测，在煤体的逐步破碎过程中，随着裂隙空间和孔隙空间的依次破坏，解吸瓦斯流应是从平板流、柱状流或球状流逐渐变为扩散流，再变为表面流的过程，如图 4-23 所示。对以往文献中比较有代表性的关于粒径对煤瓦斯解吸特性的实验数据进行比较和遴选[24,47]，发现大粒径煤粒（块）往往会因为裂隙系统未被完全破坏，对基质产生的扩散流形成相应的限制，根据裂隙通道的形状产生典型的平板流[图 4-23(c)]、柱状流[图 4-23(d)]和球状流[图 4-23(e)]。在粒径的逐步减小过程中，孔隙扩散和表面扩散对解吸曲线的贡献越来越大，解吸曲线逐渐靠近 Y 轴。而当煤粒破碎到某一极限时，解吸曲线表现为表面扩散控制[图 4-23(e)]。不同煤样由于拥有不同的孔隙和裂隙系统，在基质尺度、裂隙开度、孔隙大小上存在较大的差距，所以对于同样程度的破碎作用，往往表现出不同的损伤特征，从而获得不同的解吸特性。例如，图 4-23(c)及图 4-23(d)中的车集煤比图 4-23(e)中的寺河煤最终破碎程度要大（分别破碎至 0.2 mm 以下和 0.8～1 mm），但是寺河煤却首先获得了表面扩散流，而车集煤却远未达到表面扩散流控制的区域。

表 4-5　大粒径煤粒（块）的解吸数据拟合结果

煤样	粒径/mm	公式（4-71）拟合参数								裂隙流动形态
		$\tilde{A}$	$\tilde{B}$	$\tilde{C}$	$\dfrac{D_{1F}}{a_{1P}^2}$	k_{pse}	$\dfrac{k_0}{C_0 a_{2P}}$	n_0	R^2	
车集硬煤[47]	3～6	0.020	0.086	**0.894**	0.020	0.020	0.000 3	1	0.983 5	平板流
车集软煤[47]	3～6	0.295	0.082	**0.623**	0.007	0.753	0.000 2	2.19	0.995 7	近柱状流
寺河煤[24]	130～140	**0.541**	0.270	0.189	0.017	0.018	0.000 9	2.99	0.998 3	球状流
寺河煤[24]	0.8～1	0.100	**0.885**	0.015	0.046	0.460	0.007 4	2.99	0.976 1	球状流

　　表 4-5 列出了这四条特征曲线的拟合结果，可以发现式（4-71）对每条曲线的拟合度都达到了 0.97 以上。就大粒径煤粒（块）来说，观察 $\tilde{A}$、$\tilde{B}$、$\tilde{C}$ 三者的拟合结果可知，刘彦伟[47]实验中 3～6 mm 的车集硬煤、车集软煤均是由裂隙流控制，而 Guo 等[24]的实验中 130～140 mm 的寺河煤块是由扩散流控制的。从 n_0 的拟合值可以看到，三种解吸曲线的拟合结果分别为 1、2.19、2.99，分别近似为平板流、柱状流及球状流。Guo 等[24]的实验中的数据与大粒径裂隙控制的设想相反，可能出于以下两个原因：一是其煤样本身基质尺度过大，此粒径的煤块已经是仅存孔隙系统的情况。二是煤样本身裂隙系统较为发达，初始孔隙渗透率较裂隙渗透率有较大的差距，即裂隙开度对孔隙尺度的比值较大。在瓦斯源供给不充足的情况下，裂隙并不能对孔隙涌出的瓦斯流形成较大的限制作用，所以表观上的解吸曲线以孔扩散为主。另外，在图 4-23(e)中，0.8～1 mm 的寺河煤样表现出了表面扩散的特征，其 $\tilde{B}$ 项的占比高达 0.885，而 n_0 的拟合值也和大粒径煤块的值相同。

4.5　本章小结

本章主要从孔隙裂隙对流动的相互作用机制角度对瓦斯解吸速度随粒径增长的现象进行了分析。主要获得了以下结论：

1) 煤的孔隙裂隙双孔特性决定了破碎过程中裂隙系统首先被破坏，然后基质系统遭到破坏，进而影响瓦斯流动的难易程度；孔隙裂隙系统存在分形维数上的差异，据此可以推断出两种系统的孔径分界点；以压汞比表面积法、压汞体积法和液氮体积法分别对孔径分界点进行测定，柳塔、大宁煤样随粒径减小分界孔径变化较为平缓，而双柳煤样随着粒径减小，转折点逐渐右移，即渗透系统和扩散系统分界孔直径越来越小；结合前人理论成果，扩散系统和渗流系统的分界孔径可大致定在 $10\sim100$ nm 数量级。

2) 常规解吸实验和渗透率实验测出的扩散系数和渗透率均为表观值，两者在数学上可以相互转换，对于煤中同一连续气态介质的解吸问题，既可以用扩散方程描述，也能用渗流方程进行描述；适用于渗透率实验的基质渗透率和裂隙渗透率的并联加和特性在描述内源瓦斯解吸现象时不甚合理，解吸过程中两者应为串联关系；决定孔隙裂隙控制作用（即"欠压效应"和"节流效应"）的不仅仅是两者系统渗透率的大小，还与瓦斯流体的流动方向、压力梯度等因素有关。

3) 将孔隙裂隙系统对瓦斯流的平等作用的临界渗透率比值定义为特征渗透率比值 κ，其范围在 $0.001\sim0.1$ 之间。当 $k_m/k_f > \kappa$ 时，基质流质量大于裂隙流质量，流动主控因素是裂隙流动；当 $k_m/k_f < \kappa$ 时，基质流质量小于裂隙流质量，流动主控因素是基质流动；当 $k_m/k_f = \kappa$ 时，基质流质量等于裂隙流质量，基质和裂隙两个系统平等作用共同控制主体流动。Comsol 模拟实验表明，对于扩散 — 渗流串联流动的立方体模型，κ 值的取值范围是合理的，解吸曲线初期的斜率也随着 κ 值的减小逐渐增大，形成适用于不同数学模型的解吸曲线。

4) 考虑瓦斯流动在各系统中的不同表现形式，建立了描述表面吸附扩散、孔隙扩散和裂隙流动三种传质形式的三孔模型。该模型三个单项式的系数可分别表征三种传质形式的比重，也代表了三种传质形式对于宏观流动的贡献。其对于文献中不同粒径的解吸曲线有着很好的匹配度，揭示了各解吸曲线的主控流动因素。

5 时间尺度下菲克扩散系数的衰减机制

建立引入孔隙参数的数学解吸模型是定量化描述煤粒破碎过程中瓦斯解吸曲线特性变化的必要条件。依据瓦斯解吸曲线获得的菲克扩散系数,其衰减规律本质上是大量分子自扩散系数衰减的宏观体现。而根据常规的 NMR 实验可知,多孔介质中粒子的自扩散行为常常携带有其孔隙系统的某些特征参数[186-191]。从自扩散系数的变化规律来解释煤粒的解吸曲线变化是一种具有较强可行性的方法。本章首先从分子动力学微观角度对瓦斯菲克扩散系数随时间衰减的原因进行分析;然后结合第 3 章的半经验模型,运用变量替换和极限近似的思想,总结并提出计算时变菲克扩散系数的两种方法,即双渗模型法与极限近似法;再对不同粒径、不同压力及不同变质程度的煤样瓦斯吸附解吸特性进行测定;最后,分别利用双渗模型法和极限近似法对解吸过程中菲克扩散系数的变化值进行拟合计算,从而验证模型的正确性。

5.1 受限空间中自扩散系数的衰减机制

5.1.1 平均菲克扩散系数和瞬时菲克扩散系数

经典的菲克扩散理论认为,菲克扩散系数是沿扩散方向,在单位时间每单位浓度梯度的条件下,垂直通过单位面积所扩散某物质的质量或摩尔数,即菲克第二定律:

$$\frac{\partial c}{\partial t} = \frac{\partial}{\partial x}\left(D_{\mathrm{F}}\frac{\partial c}{\partial x}\right) + \frac{\partial}{\partial y}\left(D_{\mathrm{F}}\frac{\partial c}{\partial y}\right) + \frac{\partial}{\partial z}\left(D_{\mathrm{F}}\frac{\partial c}{\partial z}\right) \tag{5-1}$$

在研究煤体中瓦斯的扩散现象时,受制于测试方法和数学解析解的方便性,学者们常常将菲克扩散系数 D_{F} 视为常数,从而通过公式拟合求出适用于煤体这种多孔介质的表观菲克扩散系数 D_{a},即简化为:

$$\frac{\partial c}{\partial t} = D_{\mathrm{a}}\left(\frac{\partial^2 c}{\partial x^2} + \frac{\partial^2 c}{\partial y^2} + \frac{\partial^2 c}{\partial z^2}\right) \tag{5-2}$$

此类方法得出的菲克扩散系数都是在拟合时间段内菲克扩散系数的平均值($\overline{D}$),可以称之为平均菲克扩散系数。平均菲克扩散系数的提出,对菲克扩散方程的简化及工程上的推广有着很大帮助。Crank[96]首先给出了在菲克扩散系数 D_{F} 不变的情况下,适用于不同边界条件、不同扩散介质(包括平板、圆柱体和球体)的单孔均质模型数学解。此数学解为无穷级数形式,使得这种精确解难以在工程中应用。之后,杨其銮[109]、聂百胜等[110]在单孔模型基础上又各自利用误差函数,分别拟合出了精度较高的经验模型。而对于短时间内的解吸扩散过程,无穷级数可以精简为 $\sqrt{t}$ 模型,从而计算出有效扩散系数[23]。然而,上述所有的单孔模型及其简化式在拟合煤粒瓦斯解吸曲线时却常常遇到拟合度较低的问题[100,101]。将菲克扩散系数看作变化的物理量是解决拟合度低的一个有效途径。与单孔模型同样应用广泛的双孔模型,甚至三孔或多孔模型便是其中之一[44,47]。此方法将煤粒孔隙分为大孔和小孔,进而将菲克扩散系数分为大孔菲克扩散系数和小孔菲克扩散系数,从而获得了更好的拟合效果。但上述方法并没有摆脱菲克扩散系数在某一部分是常数的假设。

Zhang[98]指出虽然菲克扩散系数 D_F 和浓度 c、位置 X 以及时间 t 有关,但前两者一般不存在数学上的解析解,且需要较为苛刻的简化条件。所以研究关于时间变化的菲克扩散系数是最为可行的。本书将此种扩散系数定义为瞬时菲克扩散系数(D_t),用来表征解吸过程中某个时间点的菲克扩散系数。关于 D_t 的研究,多数文献集中在表征单个粒子运动的自扩散系数 D_0 领域,而在菲克扩散系数 D_t 领域,则鲜有人研究。袁军伟[192]、李志强等[52]利用经验模型拟合 D_t,认为 D_t 分别符合 Langmuir 式和指数式,有一定的借鉴意义。

5.1.2 扩散现象的本质与自扩散系数的衰减

根据菲克扩散方程的定义,扩散现象可被认为是由于物质存在浓度差而引起的宏观上的促使浓度均一化的过程。但实际上,扩散的本质是由微观粒子无规则的热运动引起的。即使不存在浓度差(或化学势差),体系本身也会发生扩散现象,但常规扩散实验却不可检测。而当体系内部物质本身存在化学势差或者体系与体系之间、物质与物质之间存在化学势差的时候,粒子的随机运动会使物质宏观上产生迁移现象,形成可观测的扩散现象。因此,想要获取宏观菲克扩散系数的变化关系,就应着眼于微观粒子的热运动分析。

粒子的扩散系数在热力学上,可以仿照阿伦尼乌斯公式定义其为和压力及温度相关的变量。温度升高,分子获得的动能增加,热运动更剧烈,扩散系数增大;而随着压力的升高,粒子扩散系数的变化则可大可小(取决于 ΔV 的正负),其变化满足[98]:

$$D_{par} = A_0 \exp\left[-(E + P\Delta V)/RT\right] \tag{5-3}$$

式中,A_0——指前因子,m^2/s;

E——活化能,J;

ΔV——活化络合物与扩散组分的体积差,mL。

著名的斯托克斯-爱因斯坦方程认为,单个球状粒子在流体中无规则热运动产生的扩散系数为[178]:

$$D_{par} = \frac{k_B T}{6\pi\mu r_s} \tag{5-4}$$

式中 k_B ——玻尔兹曼常数，1.38×10^{-23} J/K；

r_s ——斯托克斯半径，m。

上述公式则指出微观粒子在双重或多重介质的扩散中，粒子的运动与其所在流体的黏度、温度及自身的几何尺寸有关。同时，黏度的应用则将扩散和流动的界限消除。可以发现早期的扩散方程描述，并没有产生"渗流"的概念。另外，爱因斯坦根据布朗运动也给出了微观粒子无规则热运动的平均平方位移与时间的关系：

$$D_s = \frac{\langle [r(t) - r(0)]^2 \rangle}{2d_d t} \tag{5-5}$$

式中，$\langle [r(t) - r(0)]^2 \rangle$ —— 所有分子从 0 时刻运动到 t 时刻的平均平方位移。

对于大量分子，又可以写成：

$$D_s = \frac{1}{6N_m} \lim_{t \to \infty} \frac{d}{dt} \left\langle \sum_{i=1}^{N} [r_i(t) - r_i(0)]^2 \right\rangle \tag{5-6}$$

式中，N_m ——扩散分子的个数。

在非受限空间中，流体的自扩散系数不会随着时间而变化，其菲克扩散系数与初始时刻的自扩散系数相等，主要受分子本身及分子在流体中的相互作用控制；而在受限空间中，微观粒子常常受到空间壁面的碰撞，损失一定的能量，丧失原本的"扩散记忆"，所以初始的自扩散系数会随时间产生衰减，而衰减的变化关系常常携带有受限空间的几何特征。

如果用跃迁频率定义随机行走的自扩散系数，则有[98, 193, 194]：

$$D_s = \frac{1}{6} l_j^2 \Omega \tag{5-7}$$

式中，l_j ——分子跃迁距离，m；

Ω ——跃迁频率，s^{-1}。

将式(5-7)放大到宏观尺度，则可以得出一维线性条件下分子自扩散距离和扩散时间的关系：

$$D_s = \frac{l_j^2}{6t} \tag{5-8}$$

从上式可以发现，分子跃迁距离 l_j 与扩散系数和扩散时间乘积的平方根 $\sqrt{D_s t}$ 成正比。对于不规则的扩散方式此种关系依然存在，所以文献中有些学者将其定义为特征扩散距离[98]，即：

$$l_c = \sqrt{D_s t} \tag{5-9}$$

所以在特定时间 t 内,粒子扩散的长度是一定的。类似地,如果限定扩散距离,则随着时间的增大,分子自扩散系数便会逐渐减小。对于完全封闭的有限空间,扩散时间趋于无穷大时,分子自扩散系数也存在减小为零的可能[195]。在多孔介质中,虽然孔道的直径是有限的,但由于孔隙系统为不封闭且可连通的空间,所以分子自扩散系数衰减到反映孔隙曲折度和孔隙的定值后,便不再衰减。

在扩散时间较短的情况下,微观粒子还未碰撞到孔道壁面的时候,其扩散系数还等于初始时刻的自扩散系数;而当扩散距离时间足够长,扩散距离大于孔道几何直径时,扩散的粒子会逐渐丧失其初始位置 $r(0)$ 的记忆,最终实现随机的均匀分布。此时的自扩散系数便会减小,此时发生的扩散行为便是受限自扩散行为。假设煤粒的比表面积为 S_{pore},则 t 时间内流体受到壁面影响的区域体积占比为:

$$\frac{V_t}{V_{pore}} = \frac{S_{pore}}{V_{pore}}\sqrt{2D_{s0}t} \tag{5-10}$$

式中,D_{s0} ——初始时刻自扩散系数,m^2/s;

V_t ——边界感受层的体积,mL。

相应地,未受到孔壁影响的区域体积占比为:

$$1 - \frac{V_t}{V_{pore}} = 1 - \frac{S_{pore}}{V_{pore}}\sqrt{2D_{s0}t} \tag{5-11}$$

在直径较大的孔隙中,当孔隙体积 V_{pore} 远远大于 V_t 时,在极短时间内或孔隙尺寸过大时,微观粒子并不能感受到所在媒介的边界的限制,Kac 将这种情况称为未"感受"到边界原理[195,196]。此时流体的自扩散系数就是流体本身固有的初始自扩散系数。而在小直径的孔隙或较长时间的条件下,V_{pore} 和 V_t 相差不大时,扩散长度受到孔径的限制,与壁面产生碰撞,丢失"初始记忆"的粒子大比重存在且逐步增加,因此总体的自扩散系数也会随着时间的增加而减小,如图 5-1 所示。

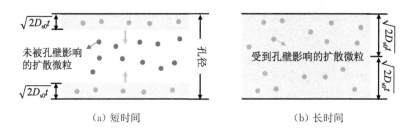

图 5-1 扩散粒子与孔壁的碰撞及其对扩散系数的影响

对于所有的粒子,其在与边界垂直的方向上,总体的平均平方位移为感受到边界效应的粒子与未感受到边界效应的粒子两者对应的贡献值,即:

$$\langle [r_X(t) - r_X(0)]^2 \rangle = \left(1 - \frac{S_{\text{pore}}}{V_{\text{pore}}}\sqrt{2D_{s0}t}\right) \cdot 2D_{s0}t + \phi\frac{S_{\text{pore}}}{V_{\text{pore}}}\sqrt{2D_{s0}t} \cdot 2D_{s0}t \tag{5-12}$$

式中，ϕ——感受到边界效应的粒子所占比例。

而在与边界平行的其他两个方向上，由于不存在边界限制，则有：

$$\langle [r_Y(t) - r_Y(0)]^2 \rangle = \langle [r_Z(t) - r_Z(0)]^2 \rangle = 2D_{s0}t \tag{5-13}$$

将式(5-12)和式(5-13)三个方向上的平均平方位移叠加，得到自扩散系数的衰减规律为：

$$D_s(t) = \frac{1}{6t}\left[\langle [r_X(t) - r_X(0)]^2 \rangle + \langle [r_Y(t) - r_Y(0)]^2 \rangle + \langle [r_Z(t) - r_Z(0)]^2 \rangle \right]$$

$$= D_{s0}\left(1 - \frac{4}{9\sqrt{\pi}}\frac{S_{\text{pore}}}{V_{\text{pore}}}\sqrt{D_{s0}t}\right) + O(D_{s0}t) \tag{5-14}$$

$O(D_{s0}t)$ 为高阶项，在 t 极小的时候可以忽略，则上式可化为：

$$\frac{D_s(t)}{D_{s0}} = 1 - \frac{4}{9\sqrt{\pi}}\frac{S_{\text{pore}}}{V_{\text{pore}}}\sqrt{D_{s0}t} = 1 - B'\sqrt{D_{s0}t} \tag{5-15}$$

式中，B'——短时间自扩散衰减系数，m^{-1}。

对于长时间的扩散，在非完全封闭的体系中，自扩散系数会衰减至某一常数，这一常数与多空介质本身的曲折度有关(图 5-2)：

$$\frac{D_s(t)}{D_{s0}} = \frac{1}{\tau} \tag{5-16}$$

式中，τ——曲折度。

在长时间和短时间扩散之间的区域，数学公式较为复杂，通常认为其与扩散时间 t 呈指数关系[191]，即：

$$D_s(t) \propto t^{(2-d_w)/d_w} \tag{5-17}$$

式中，d_w——较长时间自扩散衰减系数，与孔隙体积和比表面积的分形维数、扩散分子、
　　　　孔半径的比值等关系有关。

因此，我们可以总结得出在全时间段内，自扩散系数的变化可以用以下数学关系进行描述：

$$\begin{cases} D_s(t) \propto \dfrac{S_{\text{pore}}}{V_{\text{pore}}} & \text{（短时间）} \\[2mm] D_s(t) \propto t^{(2-d_w)/d_w} & \text{（过渡区）} \\[2mm] D_s(t) \propto \dfrac{1}{\tau} & \text{（长时间）} \end{cases} \tag{5-18}$$

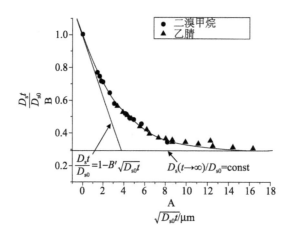

图 5-2　Loskutov 和 Sevriugin 给出的自扩散系数衰减模型[186]

从上述分析可以得出,自扩散系数随时间的衰减规律携带描述孔隙系统空间特征的信息。因此,如何基于自扩散模型推导出合适的解吸扩散模型是本书研究的重点。

5.2　瓦斯解吸时变菲克扩散系数的获得

5.2.1　双渗模型法

双渗模型法是基于数学模型的间接推导方法。根据第 4 章的分析可知,瓦斯解吸曲线的形态是由表面扩散、孔隙扩散和裂隙流动三者互相叠加产生的,其可以近似用一个数学模型进行表示,即:

$$F = \frac{M_t}{M_\infty} = kt^n \tag{5-19}$$

式中,F ——解吸百分比。

这个数学近似方程是双渗模型法求时变扩散系数的基础。在误差要求不是很大的情况下,菲克均值球体扩散方程的解吸解可以近似用以下方程描述[197]:

$$F = \frac{M_t}{M_\infty} = 6\frac{\sqrt{D_F t}}{a_P \sqrt{\pi}} - 3\frac{D_F t}{a_P^2} \tag{5-20}$$

将恒定的扩散系数变为仅受时间影响的扩散系数,有:

$$F = \frac{M_t}{M_\infty} = 6\frac{\sqrt{\int_0^t D_t \, dt}}{a_P \sqrt{\pi}} - 3\frac{\int_0^t D_t \, dt}{a_P^2} \tag{5-21}$$

应用变量替换思想,令 $\bar{X} = \dfrac{\sqrt{\int_0^t D_t \, dt}}{a_P}$,则上式可以化为:

$$\bar{X} = \frac{1}{\sqrt{\pi}} - \sqrt{\frac{1}{\pi} - \frac{F}{3}} \tag{5-22}$$

假设存在函数

$$\bar{Y} = \int_0^t D_t \mathrm{d}t = a_{\mathrm{P}}^2 \bar{X}^2 = a_{\mathrm{P}}^2 \left(\frac{1}{\sqrt{\pi}} - \sqrt{\frac{1}{\pi} - \frac{F}{3}} \right)^2 = a_{\mathrm{P}}^2 \left(\frac{1}{\sqrt{\pi}} - \sqrt{\frac{1}{\pi} - \frac{kt^n}{3}} \right)^2 \tag{5-23}$$

则有：

$$D_t = \frac{\mathrm{d}\bar{Y}}{\mathrm{d}t} = \frac{nkt^{n-1}a_{\mathrm{P}}^2 \left(\frac{1}{\sqrt{\pi}} - \sqrt{\frac{1}{\pi} - \frac{kt^n}{3}} \right)}{\sqrt{\frac{9}{\pi} - 3kt^n}} \tag{5-24}$$

需要指出的是，式(5-20)的近似关系仅对短时间内的解吸有较好的相关性，对长时间的解吸数据很难保证其准确性[100, 192]。另外在推导模型时，已经采用了菲克均质球体模型的简化式，因此在应用时仅仅能求得菲克扩散系数的变化规律，而不能反推出可以融合时变扩散系数的新模型（A 推出 B，再用 B 去推 A，显得没有意义）。同时，模型本身将两种描述解吸扩散的数学方程进行求导联立，方程之间并没有严格意义上的相互独立性，其合理性值得商榷，所以仍需建立新的方程进行描述。

5.2.2　极限近似法

极限近似法是利用解吸实验进行的直接测算法[192]。此方法排除了双渗模型法数学模型建立的种种限制，但其采用了近似替代的思想，本身求得的扩散系数并不是准确意义上的瞬时菲克扩散系数 D_t。该方法的基本思路是，假设在某一极短的时间段内，其平均菲克扩散系数 $\bar{D}$ 近似为瞬时菲克扩散系数 D_t，即：

$$\lim_{\Delta t \to 0} \bar{D} = D_t \tag{5-25}$$

在进行解吸实验测定时，将得出的解吸百分比随时间的变化曲线分成 n 段，每一小时间段内的扩散系数认为是恒定的。然后，利用单孔模型或在工程中常用的杨其銮式或聂百胜式进行拟合，得出该时间段内的平均菲克扩散系数，近似为该时间段中点时刻的瞬时菲克扩散系数。此种方法的使用要求在分段拟合数据时，能够考虑到数据与数据之间的人为读数间隔，使得曲线变化尽量平滑完整；在数据完整性上不如双渗模型法，受区间划分的影响较大。

以我国煤矿现场应用较为广泛的杨其銮式为例，此模型是以单孔模型前 10 项为基础推出的经验公式。在某一时间段（$t_1 + \Delta t \sim t_1$）内，其中点时刻的扩散系数可以表示为：

$$\frac{Q_{t_1 + \Delta t} - Q_{t_1}}{Q_\infty} = \sqrt{1 - \mathrm{e}^{-K\pi^2 DF/(a_{\mathrm{P}}^2 \cdot t_1)}} \tag{5-26}$$

式中，Q_{t_1}，$Q_{t_1+\Delta t}$，Q_∞——t_1、$t_1+\Delta t$ 和无穷大时刻的单位质量煤体的瓦斯解吸体积，mL/g。

5.3 粉煤瓦斯解吸表观菲克扩散系数衰减规律

5.3.1 双渗模型参数 k 和 n 的变化规律

在采用双渗模型法计算表观菲克扩散系数时，应首先使用公式去拟合解吸分数曲线，得出 k 和 n 的具体数值，如表5-1所示。从拟合结果来看，该公式拟合的相关性系数 R^2 普遍在0.92以上，较一般的单孔模型有着更高的相关性（在第6章中进行单孔模型的拟合检验）。相关性的好坏受到瓦斯解吸曲线初期解吸量计算以及人为读数的影响。对于拟合参数 k 值，显示出粒径越大值越小的特点，而 n 值则呈现粒径越大值越大的特点。柳塔和双柳两煤样，k 值和 n 值均随粒径的变化波动性较大，而大宁煤样则产生了较好的线性关系。另外，三种煤样对于平衡压力的相关性不大（图5-3）。对比实验得出的解吸曲线，可以认为 k 值更多反映了解吸量的多少，其应与初始瓦斯的吸附状态有关；而 n 值则更多反映了解吸速度的大小，其应与煤体孔隙裂隙结构有关。

表5-1 实验煤粒(块)的解吸数据拟合结果

煤样	粒径/mm	1 MPa			3 MPa			5 MPa		
		k	n	R^2	k	n	R^2	k	n	R^2
柳塔	<0.074	0.45	0.11	0.925 3	0.43	0.11	0.929 5	0.54	0.08	0.934 2
	0.074~0.2	0.36	0.13	0.949 9	0.31	0.16	0.941 1	0.25	0.18	0.931 9
	0.2~0.25	0.39	0.13	0.921 5	0.35	0.14	0.926 4	0.31	0.15	0.940 6
	0.25~0.5	0.32	0.15	0.963 7	0.28	0.16	0.944 1	0.26	0.18	0.945 3
	0.5~1	0.23	0.19	0.963 5	0.21	0.19	0.973 3	0.15	0.22	0.968 8
	1~3	0.23	0.19	0.966 4	0.22	0.18	0.974 1	0.16	0.21	0.942 4
双柳	<0.074	0.09	0.28	0.980 5	0.09	0.23	0.984 5	0.17	0.17	0.979 0
	0.074~0.2	0.07	0.31	0.989 1	0.04	0.31	0.984 6	0.04	0.33	0.988 4
	0.2~0.25	0.01	0.34	0.994 4	0.17	0.16	0.997 5	0.02	0.36	0.994 9
	0.25~0.5	0.01	0.34	0.995 2	0.01	0.37	0.995 5	0.01	0.37	0.996 4
	0.5~1	0.01	0.38	0.997 4	0.01	0.40	0.991 6	0.01	0.45	0.997 3
	1~3	0.01	0.33	0.934 9	0.01	0.38	0.993 8	0.01	0.38	0.997 2
大宁	<0.074	0.81	0.03	0.995 6	0.81	0.02	0.999 24	0.84	0.02	0.995 9
	0.074~0.2	0.72	0.05	0.981 1	0.64	0.04	0.977 95	0.57	0.04	0.981 6
	0.2~0.25	0.67	0.05	0.983 0	0.55	0.04	0.988 51	0.41	0.06	0.975 2

（续表）

煤样	粒径/mm	1 MPa			3 MPa			5 MPa		
		k	n	R^2	k	n	R^2	k	n	R^2
大宁	0.25~0.5	0.51	0.09	0.970 7	0.34	0.09	0.970 8	0.29	0.10	0.979 0
	0.5~1	0.27	0.13	0.981 6	0.26	0.13	0.972 23	0.17	0.17	0.949 6
	1~3	0.13	0.19	0.989 3	0.14	0.20	0.987 33	0.10	0.22	0.977 7

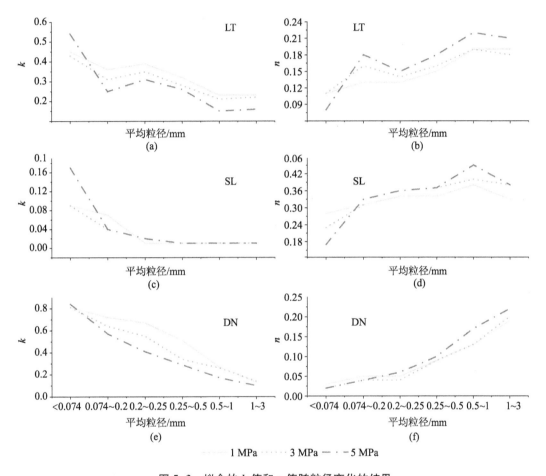

图 5-3 拟合的 k 值和 n 值随粒径变化的结果

5.3.2 表观菲克扩散系数推算结果对比

在获取了双渗模型参数 k 值和 n 值之后，可以顺利地利用双渗模型法去推算表观菲克扩散系数的变化规律；而极限近似法只需注意数据之间人为读数间隔的优化。此后，分别利用双渗模型法与极限近似法对 60 min 内各煤样的解吸曲线的表观菲克扩散系数变化规律进行计算和分析，得出如图 5-4 至图 5-6 所示的结果。

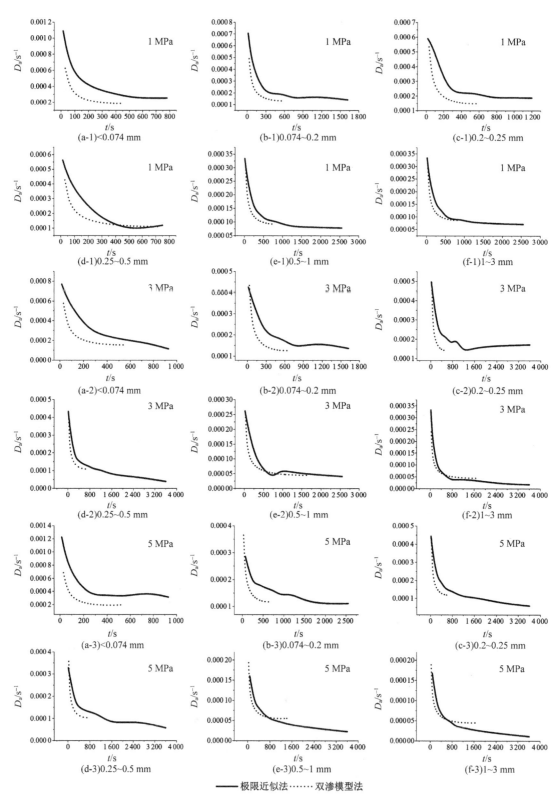

图 5-4　柳塔煤样表观菲克扩散系数随时间变化规律

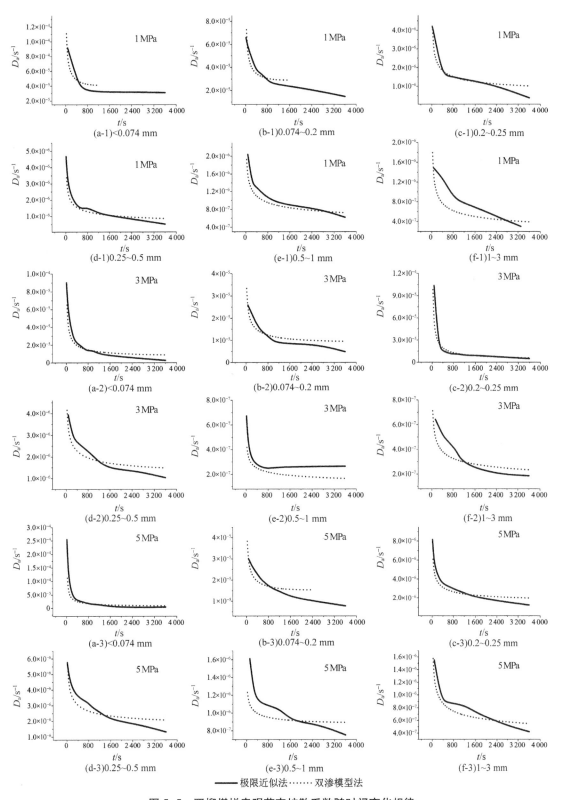

图 5-5 双柳煤样表观菲克扩散系数随时间变化规律

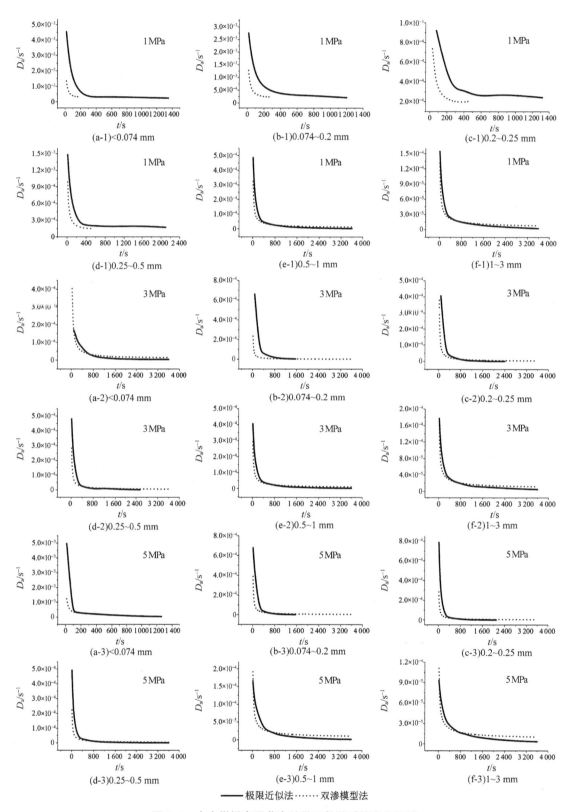

图 5-6 大宁煤样表观菲克扩散系数随时间变化规律

图中之所以采用表观菲克扩散系数的有效值,是因为在获取表观菲克扩散系数 D_F 时,存在式(5-27)的关系:

$$D_a = \frac{D_F}{r_d^2} \tag{5-27}$$

式中,D_a——表观菲克扩散系数的有效值,s^{-1}。

而对于 r_d 的定义及取值学界有着较大的争议。部分学者认为其可以直接等于煤粒粒径,但也有相当数量的学者认为其与粒径无关。而实际上在定义 r_d 时,最原始的解释为扩散路径的长度[101]。故在将煤粒区分为基质和裂隙的双孔模型过程中,是将 r_d 考虑为基质大小还是实质的粒径大小,还需要另行研究。

另外需要注意的是,双渗模型法与极限近似法两种方法都存在不同程度的限制性。对于双渗模型法来说,在应用式(5-24)时需要始终保证根号下的 $\frac{1}{\pi} - \frac{kt^n}{3}$ 必须为非负数,因此根据拟合的 k 值和 n 值而求得的 t 值有一定的取值范围,而对于不同煤样该范围不尽相同。关于极限近似法,在应用式(5-26)前,一般情况下会对其进行对数处理从而简化数据拟合的复杂度,而此时则应保证底数不为零。因此,在解吸后期人为划分的读数间隔不能满足可识别的解吸量变化时,会产生某个或多个读数差为零的结果,造成表观菲克扩散系数计算不出的现象。除此之外,极限近似法更依赖于人为读数的精确度,如读数误差过大推算结果可能会产生较大的波动。然而值得肯定的是,两种方法在可计算的范围内,表观菲克扩散系数的总体变化趋势均较为明显且相似度较高,因此上述缺陷对分析现象本质并没有实质性的影响。

观察三种煤样的实验结果,可以发现表观菲克扩散系数的变化规律和自扩散系数的衰减规律相似,均是经历了极速衰减阶段,后逐渐趋近于某一恒定的表观菲克扩散值。对于柳塔煤样来说,其表观菲克扩散系数的趋近值大致为 $10^{-5} \sim 10^{-4}$ 数量级;双柳煤样的表观菲克扩散系数的趋近值大致为 $10^{-7} \sim 10^{-5}$ 数量级;大宁煤样与双柳煤样相似,其表观菲克扩散系数的趋近值也大致 $10^{-7} \sim 10^{-5}$ 数量级。三种煤样中,大宁煤样的表观菲克扩散系数随时间变化的曲线更为平滑,在 60 min 内已经完成了整个衰减过程;同时,两种方法测得的扩散系数差异不是很大,重合性更好。而对于柳塔煤样和双柳煤样,数据波动性较大,两种方法测出的表观菲克扩散系数差异性也较大。尤其是在高压力(5 MPa)下,在 60 min 内未能完全实现表观菲克扩散系数的完全稳定,形成具有斜率的时变曲线。

除此之外,实验最大粒径(1~3 mm)与最小粒径(<0.074 mm)表观菲克扩散系数数量级的差异,造成了同一坐标系下表观菲克扩散系数随时间变化曲线的形状差异。以双柳煤样在 1 MPa 平衡压力下的表观菲克扩散系数随时间变化的衰减曲线为例(图5-7),虽然在更小的数量级上测出的 1~3 mm 粒径的实验曲线有着明显的衰减特征,但在同一坐标系下该衰减幅度变得微不足道,而且这种现象无论是在极限近似法还是在双渗模型

法推算的曲线中都存在。由此可以认为,破碎过程或者损伤过程对瓦斯解吸过程中表观菲克扩散系数的衰减曲线有两个作用:一是增大了表观菲克扩散系数的初始值和极限值,使曲线整体上移;二是使两者的差距逐渐拉大,曲线的衰减特征越来越明显。

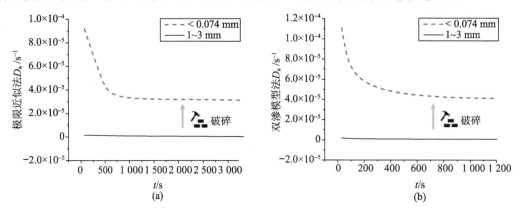

图 5-7　破碎过程对表观菲克扩散系数衰减曲线的影响示例(双柳,1 MPa)

5.4　表观菲克扩散系数与自扩散系数衰减规律的相似性

将图 5-4 至图 5-6 中的原有的图形转换为以 $\sqrt{t}$ 为横坐标的图形,并观察其衰减规律。此时可以发现,表观菲克扩散系数会呈现与自扩散系数随时间衰减的相似规律,与 $\sqrt{t}$ 有着相关性较高的数学关系。以 1 MPa 柳塔 <0.074 mm 粒径的解吸数据为例(图 5-8),表观菲克扩散系数在短时间内与 $\sqrt{t}$ 呈线性关系,呈形如 $D_a(t)=A''-B''\sqrt{t}$ 的关系;在长时间扩散后,逐渐趋近于一个极限值 $D_\infty(t \to \infty)$,有:

$$\begin{cases} D_a(t)=A''-B''\sqrt{t} \propto \dfrac{S}{V_p} & (短时间) \\ D_a(t \to \infty)=\mathrm{Const} \propto \dfrac{1}{\tau} & (长时间) \end{cases} \tag{5-28}$$

式中,A'',B''——拟合参数。

对比自扩散系数的衰减数学模型[式(5-18)],可以推测在线性关系中的斜率 B'' 值应携带多孔介质孔容和孔比表面积的信息,而截距 A'' 值则能反映其在非受限环境特定温度压力下的初始扩散系数,同时此值又与孔隙率和孔隙曲折率一起决定了长时间扩散趋近的极限值 $D_\infty(t \to \infty)$。

对图 5-4 至图 5-6 中的表观菲克扩散系数时变规律进行拟合,得出不同压力下不同粒径煤样的 A''、B'' 和 Const 值,如表 5-2 至表 5-4 所示。从表中可知,分别根据极限近似法和双渗模型法计算得出的表观菲克扩散系数,在变化规律和拟合参数数量级上并没有太大差距。柳塔、大宁煤样的 A'' 值变化范围相似,为 $10^{-4} \sim 10^{-3}$ 量级;双柳煤样的 A''

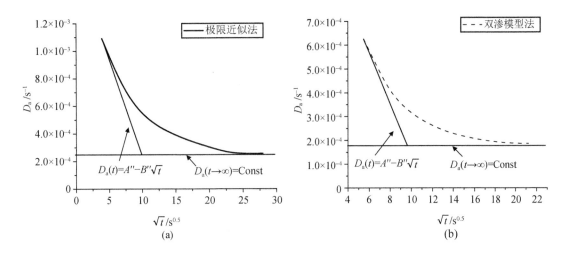

图 5-8　表观菲克扩散系数衰减分带示例

值则要小 1 到 3 个数量级,为 $10^{-7} \sim 10^{-4}$ 数量级。此外,柳塔、大宁煤样也具有相似的 B'' 值范围,同为 $10^{-6} \sim 10^{-4}$ 数量级;而双柳煤样的 B'' 值则为 $10^{-8} \sim 10^{-6}$ 数量级。对于常数值(Const 值),柳塔煤样变化范围为 $10^{-5} \sim 10^{-4}$ 数量级,双柳煤样变化范围为 $10^{-7} \sim 10^{-5}$ 数量级,大宁煤样变化范围为 $10^{-6} \sim 10^{-4}$ 数量级。

表 5-2　柳塔煤样表观菲克扩散系数衰减规律拟合参数结果

煤样	压力 /MPa	粒径 /mm	极限近似法			双渗模型法		
			A''	B''	Const	A''	B''	Const
柳塔	1	<0.074	1.53×10^{-3}	-1.15×10^{-4}	2.56×10^{-4}	1.14×10^{-3}	-9.32×10^{-5}	1.87×10^{-4}
		0.074~0.2	9.20×10^{-4}	-5.51×10^{-5}	1.42×10^{-4}	7.94×10^{-4}	-5.71×10^{-5}	1.32×10^{-4}
		0.2~0.25	7.42×10^{-4}	-3.07×10^{-5}	1.88×10^{-4}	8.67×10^{-4}	-6.27×10^{-5}	1.50×10^{-4}
		0.25~0.5	7.08×10^{-4}	-3.76×10^{-5}	1.20×10^{-4}	6.87×10^{-4}	-4.89×10^{-5}	1.11×10^{-4}
		0.5~1	3.94×10^{-4}	-1.55×10^{-5}	7.83×10^{-5}	4.36×10^{-4}	-2.48×10^{-5}	9.27×10^{-5}
		1~3	4.06×10^{-4}	-1.85×10^{-5}	5.99×10^{-5}	4.19×10^{-4}	-2.39×10^{-5}	8.63×10^{-5}
	3	<0.074	9.27×10^{-4}	-4.05×10^{-5}	1.14×10^{-4}	9.46×10^{-4}	-6.95×10^{-5}	1.55×10^{-4}
		0.074-0.2	4.74×10^{-4}	-1.25×10^{-5}	1.37×10^{-4}	6.00×10^{-4}	-3.53×10^{-5}	1.26×10^{-4}
		0.2~0.25	5.55×10^{-4}	-1.49×10^{-5}	1.72×10^{-4}	6.13×10^{-4}	-3.22×10^{-5}	1.41×10^{-4}
		0.25~0.5	5.10×10^{-4}	-1.98×10^{-5}	3.89×10^{-5}	5.11×10^{-4}	-2.81×10^{-5}	1.08×10^{-4}
		0.5~1	2.96×10^{-4}	-8.89×10^{-6}	4.07×10^{-5}	4.23×10^{-4}	-3.34×10^{-5}	4.45×10^{-5}
		1~3	4.31×10^{-4}	-2.55×10^{-5}	1.76×10^{-5}	3.85×10^{-4}	-2.71×10^{-5}	4.45×10^{-5}

（续表）

煤样	压力/MPa	粒径/mm	极限近似法			双渗模型法		
			A''	B''	Const	A''	B''	Const
柳塔	5	<0.074	$1.65×10^{-3}$	$-1.07×10^{-4}$	$3.13×10^{-4}$	$1.28×10^{-3}$	$-1.08×10^{-4}$	$1.99×10^{-4}$
		0.074~0.2	$4.13×10^{-4}$	$-1.46×10^{-5}$	$1.11×10^{-4}$	$4.73×10^{-4}$	$-2.50×10^{-5}$	$1.17×10^{-4}$
		0.2~0.25	$5.11×10^{-4}$	$-1.74×10^{-5}$	$5.93×10^{-5}$	$5.40×10^{-4}$	$-2.83×10^{-5}$	$1.19×10^{-4}$
		0.25~0.5	$3.61×10^{-4}$	$-8.63×10^{-6}$	$5.75×10^{-5}$	$4.26×10^{-4}$	$-2.05×10^{-5}$	$1.03×10^{-4}$
		0.5~1	$2.43×10^{-4}$	$-9.60×10^{-6}$	$2.26×10^{-5}$	$2.30×10^{-4}$	$-1.05×10^{-5}$	$5.57×10^{-5}$
		1~3	$2.67×10^{-4}$	$-1.14×10^{-5}$	$1.07×10^{-5}$	$2.26×10^{-4}$	$-1.07×10^{-5}$	$4.52×10^{-5}$

表 5-3　双柳煤样表观菲克扩散系数衰减规律拟合参数结果

煤样	压力/MPa	粒径/mm	极限近似法			双渗模型法		
			A''	B''	Const	A''	B''	Const
双柳	1	<0.074	$1.19×10^{-4}$	$-3.14×10^{-6}$	$3.09×10^{-5}$	$1.3010×10^{-4}$	$-5.20×10^{-6}$	$4.12×10^{-5}$
		0.074~0.2	$7.20×10^{-5}$	$-1.60×10^{-6}$	$1.47×10^{-5}$	$9.6633×10^{-5}$	$-4.68×10^{-6}$	$2.90×10^{-5}$
		0.2~0.25	$4.47×10^{-6}$	$-6.86×10^{-8}$	$3.85×10^{-7}$	$5.5947×10^{-6}$	$-2.91×10^{-7}$	$1.01×10^{-6}$
		0.25~0.5	$6.00×10^{-6}$	$-3.41×10^{-7}$	$5.22×10^{-7}$	$4.4641×10^{-6}$	$-2.11×10^{-7}$	$8.63×10^{-7}$
		0.5~1	$2.91×10^{-6}$	$-1.01×10^{-7}$	$6.21×10^{-7}$	$2.4836×10^{-6}$	$-1.04×10^{-7}$	$7.22×10^{-7}$
		1~3	$1.63×10^{-6}$	$-1.74×10^{-8}$	$3.00×10^{-7}$	$2.2472×10^{-6}$	$-9.81×10^{-8}$	$3.91×10^{-7}$
	3	<0.074	$1.17×10^{-4}$	$-7.04×10^{-6}$	$2.57×10^{-6}$	$1.0116×10^{-4}$	$-6.76×10^{-6}$	$8.75×10^{-6}$
		0.074~0.2	$3.16×10^{-5}$	$-6.64×10^{-7}$	$4.86×10^{-6}$	$4.4939×10^{-5}$	$-2.25×10^{-6}$	$9.52×10^{-6}$
		0.2~0.25	$2.08×10^{-4}$	$-1.20×10^{-5}$	$4.81×10^{-6}$	$1.6443×10^{-4}$	$-1.25×10^{-5}$	$5.75×10^{-6}$
		0.25~0.5	$5.22×10^{-6}$	$-1.48×10^{-7}$	$1.03×10^{-6}$	$5.2689×10^{-6}$	$-2.15×10^{-7}$	$1.48×10^{-6}$
		0.5~1	$8.62×10^{-7}$	$-4.92×10^{-8}$	$2.64×10^{-7}$	$5.5137×10^{-7}$	$-2.43×10^{-8}$	$1.64×10^{-7}$
		1~3	$7.89×10^{-7}$	$-1.37×10^{-8}$	$1.85×10^{-7}$	$8.2231×10^{-7}$	$-2.67×10^{-8}$	$2.33×10^{-7}$
	5	<0.074	$3.81×10^{-4}$	$-3.25×10^{-5}$	$3.67×10^{-6}$	$2.0490×10^{-4}$	$-1.69×10^{-5}$	$8.14×10^{-6}$
		0.074~0.2	$3.60×10^{-5}$	$-6.72×10^{-7}$	$7.73×10^{-6}$	$4.4361×10^{-5}$	$-1.55×10^{-6}$	$1.54×10^{-5}$
		0.2~0.25	$1.03×10^{-5}$	$-5.51×10^{-7}$	$1.22×10^{-6}$	$8.5563×10^{-6}$	$-4.52×10^{-7}$	$1.96×10^{-6}$
		0.25~0.5	$6.49×10^{-6}$	$-1.85×10^{-7}$	$1.31×10^{-6}$	$6.8444×10^{-6}$	$-2.72×10^{-7}$	$2.07×10^{-6}$
		0.5~1	$2.36×10^{-6}$	$-6.88×10^{-8}$	$7.53×10^{-7}$	$1.4056×10^{-6}$	$-3.20×10^{-8}$	$8.93×10^{-7}$
		1~3	$2.07×10^{-6}$	$-6.01×10^{-8}$	$4.22×10^{-7}$	$2.0572×10^{-6}$	$-8.99×10^{-8}$	$5.49×10^{-7}$

表 5-4　大宁煤样表观菲克扩散系数衰减规律拟合参数结果

煤样	压力/MPa	粒径/mm	极限近似法			双渗模型法		
			A''	B''	Const	A''	B''	Const
大宁	1	<0.074	7.13×10^{-3}	-6.66×10^{-4}	2.34×10^{-4}	2.63×10^{-3}	-3.33×10^{-4}	3.17×10^{-4}
		0.074~0.2	4.09×10^{-3}	-3.43×10^{-4}	2.09×10^{-4}	2.50×10^{-3}	-3.16×10^{-4}	2.33×10^{-4}
		0.2~0.25	1.68×10^{-3}	-8.77×10^{-5}	2.42×10^{-4}	1.41×10^{-3}	-1.22×10^{-4}	2.09×10^{-4}
		0.25~0.5	2.15×10^{-3}	-1.73×10^{-4}	1.73×10^{-4}	1.53×10^{-3}	-1.50×10^{-4}	1.50×10^{-4}
		0.5~1	7.19×10^{-4}	-6.01×10^{-5}	2.53×10^{-6}	6.17×10^{-4}	-7.52×10^{-5}	1.33×10^{-5}
		1~3	2.14×10^{-4}	-1.53×10^{-5}	2.41×10^{-6}	1.96×10^{-4}	-1.80×10^{-5}	8.08×10^{-6}
	3	<0.074	2.34×10^{-4}	-6.85×10^{-6}	3.89×10^{-6}	8.34×10^{-4}	-7.87×10^{-5}	1.47×10^{-5}
		0.074~0.2	1.39×10^{-3}	-8.37×10^{-6}	3.58×10^{-6}	5.00×10^{-4}	-6.90×10^{-5}	1.44×10^{-5}
		0.2~0.25	8.44×10^{-4}	-5.05×10^{-5}	3.39×10^{-6}	6.13×10^{-4}	-6.65×10^{-5}	3.73×10^{-5}
		0.25~0.5	6.92×10^{-4}	-5.48×10^{-5}	1.85×10^{-6}	4.49×10^{-4}	-4.69×10^{-5}	4.75×10^{-6}
		0.5~1	5.86×10^{-4}	-4.66×10^{-5}	2.19×10^{-6}	4.52×10^{-4}	-4.47×10^{-5}	1.09×10^{-5}
		1~3	2.44×10^{-4}	-1.70×10^{-5}	5.05×10^{-6}	2.15×10^{-4}	-1.73×10^{-5}	1.18×10^{-5}
	5	<0.074	8.12×10^{-3}	-8.11×10^{-4}	3.23×10^{-5}	2.45×10^{-3}	-3.12×10^{-4}	2.70×10^{-4}
		0.074~0.2	8.80×10^{-4}	-5.19×10^{-5}	1.59×10^{-6}	6.29×10^{-4}	-6.84×10^{-5}	3.67×10^{-6}
		0.2~0.25	1.22×10^{-3}	-1.12×10^{-4}	1.01×10^{-6}	5.86×10^{-4}	-7.77×10^{-5}	3.41×10^{-6}
		0.25~0.5	7.65×10^{-4}	-7.05×10^{-5}	3.75×10^{-7}	4.44×10^{-4}	-5.70×10^{-5}	4.06×10^{-6}
		0.5~1	2.16×10^{-4}	-1.28×10^{-5}	1.59×10^{-6}	2.28×10^{-4}	-1.59×10^{-5}	1.06×10^{-5}
		1~3	1.16×10^{-4}	-5.87×10^{-6}	1.62×10^{-6}	1.26×10^{-4}	-7.61×10^{-6}	1.03×10^{-5}

　　而对 A''、B'' 和 Const 三者与粒径的关系进行统计分析(图 5-9 至图 5-10),可以发现不同煤样表现的规律大致相同,即在总体上 A'' 值和 Const 值均随着粒径的增大而减小,随着压力的升高而减小;B'' 值随着粒径的增大而增大,随着压力的升高而增大。对比三种参数的定义可以得出,在粒径逐渐减小的过程中,包括反映煤粒瓦斯解吸的初始表观菲克扩散系数(A'' 值)、最终的表观菲克扩散系数趋近值(Const 值),以及表观菲克扩散系数衰减的速率(B'' 值的绝对值)均在逐渐增大。此外,三种参数减小或者增大的幅度在某一临界点下会产生突变,将曲线分割为极速下降区(上升区)和平缓下降区(平缓上升区)。此变化本质上是由解吸速度随粒径的宏观变化引起的,即与杨其銮定义的"极限粒径"机理类似。

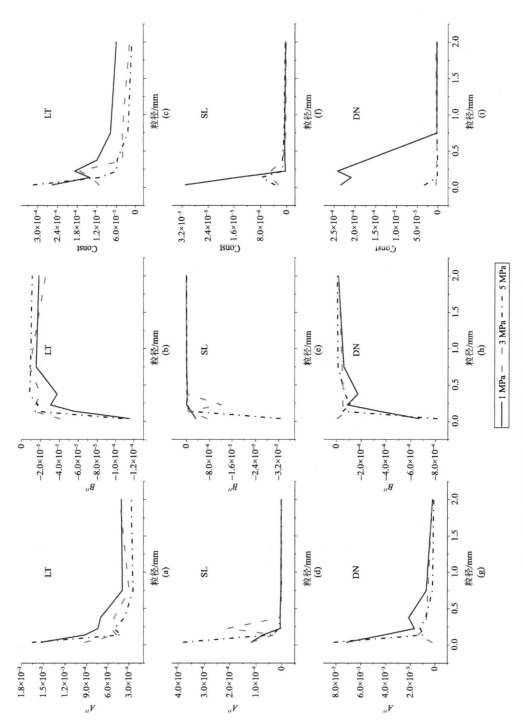

图 5-9 表观菲克扩散系数衰减规律拟合参数随粒径变化结果（极限近似法）

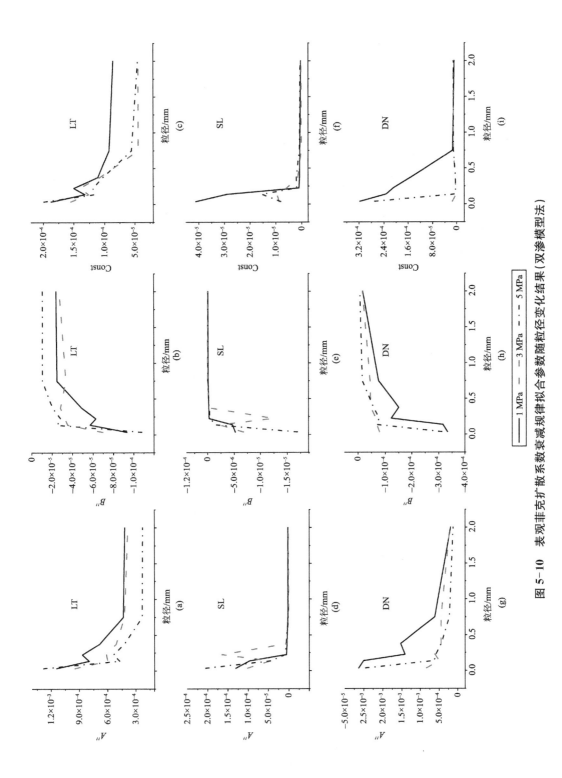

图 5-10 表观非克扩散系数衰减规律拟合参数随粒径变化结果（双渗模型法）

5.5 本章小结

本章在第 3 章的基础上利用双渗模型法和极限近似法得出了菲克扩散系数随时间衰减的规律,为第 6 章建立引入孔隙结构参数的菲克扩散模型奠定了基础,主要结论如下:

1) 依据瓦斯解吸曲线获得的菲克扩散系数,其随时间的衰减现象本质上是分子自扩散系数衰减行为的宏观体现。多孔介质自扩散系数的衰减规律携带大量反映孔隙结构特征的信息。短时间内,自扩散系数的衰减规律能反映多孔介质的孔表面积和孔体积的参数;一定时间后,自扩散系数的衰减规律能反映多孔介质的分形特征;时间趋于无穷大时,自扩散系数的稳定值能反映多孔介质的孔隙率和曲折度。

2) 获得时变菲克扩散系数的方法有两种:一种是利用变量替换思想,基于双渗经验模型得出的求导法,其得出的菲克扩散系数时变曲线连续且光滑;另一种是利用极限近似思想,采用平均菲克扩散系数和瞬时扩散系数等效化的近似推算法,其得出的菲克扩散系数容易产生波动,受区间划分的影响较大。

3) 由双渗模型法和极限近似法求得的菲克扩散系数衰减规律显示,其表观菲克扩散系数的衰减规律和自扩散系数的衰减规律相似,均是经历了极速衰减阶段后,逐渐趋于某一恒定的表观菲克扩散值。损伤过程增加了表观菲克扩散系数的初始值和极限值,使曲线整体上移,同时使两者的差距逐渐拉大,曲线的衰减特征越来越明显;柳塔、大宁煤样表观菲克扩散系数的初始值变化范围为 $10^{-4} \sim 10^{-3}$ 数量级,而双柳煤样为 $10^{-7} \sim 10^{-4}$ 数量级;对于表观菲克扩散系数的极限值,三种煤样的数量级分别为 $10^{-5} \sim 10^{-4}$、$10^{-7} \sim 10^{-5}$ 和 $10^{-7} \sim 10^{-5}$。

4) 表观菲克扩散系数的衰减规律与自扩散系数的衰减规律相似。其在短时间内与 $\sqrt{t}$ 呈线性关系,呈形如 $D_a(t) = A'' - B'' \sqrt{t}$ 的关系;在长时间扩散后,逐渐趋近于一个极限值 $D_\infty (t \to \infty)$。此种相似性,对推导表观菲克扩散系数的衰减数学模型有很大帮助。

6 含孔隙几何特征菲克扩散模型的构建

扩散系数是综合反映瓦斯在煤体中流动难易程度的物理量。对经典菲克扩散模型中的扩散系数进行参数分离及表征是建立反映孔隙结构扩散模型的有效途径。本章首先基于分子扩散的动力学特征,探讨自扩散系数、修正扩散系数与菲克扩散系数的联系与区别;然后通过对比三者的数学转换关系,并根据第5章中表观菲克扩散系数与自扩散系数相似的衰减规律,得出类自扩散系数时变规律的菲克扩散系数时变数学模型;再通过该模型厘定孔径、孔长及孔形等孔结构参数对扩散系数的影响;最后将建立的时变模型引入经典的单孔模型中,获得能反映孔隙结构参数变化的单孔扩散优化模型,揭示了损伤过程中孔隙结构参数变化对解吸曲线的内在影响机制。

6.1 类自扩散系数时变规律的菲克扩散系数时变模型构建

从第5章中的分析可知,通过拟合得出的表观菲克扩散系数与自扩散系数随时间的衰减规律一致,可以在数学上应用同一模型进行描述。但事实上,两者在定义上有着本质的区别。自扩散系数(D_s)是从分子的热运动角度进行定义的[式(5-6)],其表征了扩散粒子平均平方位移的整体特性。而菲克扩散系数或传递扩散系数(D_F)是通过实验测试的,表征大量粒子集体流动行为的宏观扩散系数。通常意义上,通过实验解吸数据拟合反推出的表观菲克扩散系数实际上并非自扩散系数。自扩散系数随时间的衰减规律是携带孔隙结构的部分信息的,而直接将自扩散系数的衰减规律引入菲克扩散模型中的做法是不妥的。

将菲克第二定律式(5-1)写成广义上以扩散通量表达的数学式,有[198,199]:

$$\boldsymbol{J} = -D_F \nabla c \qquad (6-1)$$

式中,$\boldsymbol{J}$——扩散通量,g/s。

式中负号表明扩散通量的方向与浓度梯度方向相反。

自扩散系数和菲克扩散系数本质上的驱动力是不同的。为了将自扩散系数与菲克扩散系数建立联系,文献[198]又从粒子热运动本质上定义了一种以化学势(U)驱动的新扩散系数,称之为修正扩散系数(D_c, corrected diffusion coefficient),即:

$$\boldsymbol{J} = -\Theta \nabla U \qquad (6-2)$$

式中，Θ——唯相流动系数或者昂萨格（Onsager）流动系数，其等于：

$$\Theta = \frac{1}{3V_g k_B T} \int_0^{+\infty} \left\langle \sum_{i=1}^0 \vec{v}_i(t) \cdot \sum_{i=1}^0 \vec{v}_i(0) \right\rangle dt \tag{6-3}$$

式中，V_g——甲烷气体体积，mL。

将式（6-2）转换为关于浓度 c 的方程，则有：

$$\boldsymbol{J} = -\Theta \frac{k_B T}{c} \left. \frac{\partial \ln \gamma}{\partial \ln c} \right|_T \nabla c = -D_c \left. \frac{\partial \ln \gamma}{\partial \ln c} \right|_T \nabla c = -D_c \Gamma_0 \nabla c \tag{6-4}$$

式中，Γ_0——热力学系数，$\Gamma_0 = (\partial \ln \gamma / \partial \ln c)|_T$；

γ——物质的活度，Pa。

式（6-4）中的 D_c 又可以写成与摩擦阻力相关的形式，这种形式和爱因斯坦推导的无限稀溶液中球形粒子扩散系数表达式相同[98]：

$$D_c = \frac{k_B T}{f_{par}} \tag{6-5}$$

式中，f_{par}——摩擦系数，在爱因斯坦球状中性粒子扩散方程中有 $f_{par} = 6\pi \eta a$。

修正扩散系数的提出，有益于解释扩散的本质，搭建菲克扩散系数和自扩散系数的桥梁。同时，在与扩散行为相似的传热和动量等传递过程的研究中，能够将菲克方程（扩散）、傅里叶方程（传热）和牛顿定律（动量）形成数学上的联系，将三者统一在一个宏观唯相的框架中进行讨论。

将自扩散系数与实验宏观观察到的菲克扩散系数联系在一起是得到反映煤体孔隙结构的扩散模型的第一步。对于菲克扩散系数和修正扩散系数，存在比较明显的关系。对比式（6-1）与式（6-4）可知[200]：

$$D_t = D_c \left. \frac{\partial \ln \gamma}{\partial \ln c} \right|_T = D_c \Gamma_0 \tag{6-6}$$

上述方程说明，菲克扩散系数是由粒子内在的扩散作用和热力学作用相互叠加而成的。对于 Langmuir 型吸附曲线来说，热力学系数与该压力的吸附能力有关[200]：

$$\begin{cases} \left. \dfrac{\partial \ln \gamma}{\partial \ln c} \right|_T = \dfrac{d \ln P}{d \ln q} = \dfrac{1}{1-\theta} \\ \theta = \dfrac{q}{a} = \dfrac{bP}{1+bP} \end{cases} \tag{6-7}$$

式中，θ——单层吸附时的表面覆盖度，对于多孔介质，其可理解为特定平衡压力下吸附剂对吸附质的吸附程度。

对于自扩散系数和修正扩散系数，也存在一定的转化关系[190]：

$$\frac{1}{D_s(\theta)} = \frac{1}{D_c(\theta)} + \frac{\theta}{D_{11}(\theta)} \tag{6-8}$$

式中，$D_{11}(\theta)$ —— 自扩散系数与修正扩散系数的关联系数。

$$\frac{D_{11}(\theta)}{D_c(\theta)} = \alpha' \exp(-\beta'\theta) \tag{6-9}$$

式中，α'，β' —— 拟合参数。

将式(6-8)及式(6-9)联立，可得

$$D_c(\theta) = D_s(\theta)\left[1 + \frac{\theta}{\alpha' \exp(-\beta'\theta)}\right] \tag{6-10}$$

综合式(6-6)、式(6-7)和式(6-10)，可以得到自扩散系数和菲克扩散系数的关系：

$$D_t = D_c \cdot \frac{1}{1-\theta} = D_s \cdot \frac{1}{1-\theta}\left[1 + \frac{\theta}{\alpha' \exp(-\beta'\theta)}\right] \tag{6-11}$$

将其与自扩散系数随时间衰减的变化规律代入式(5-14)，有：

$$\begin{aligned} D_t &= D_s \cdot \frac{1}{1-\theta}\left[1 + \frac{\theta}{\alpha' \exp(-\beta'\theta)}\right] \\ &= D_{s0} \cdot \frac{1}{1-\theta}\left[1 + \frac{\theta}{\alpha' \exp(-\beta'\theta)}\right] \cdot \left[\left(1 - \frac{4}{9\sqrt{\pi}}\frac{S_{pore}}{V_{pore}}\sqrt{D_{s0}t}\right) + O(D_{s0}t)\right] \end{aligned} \tag{6-12}$$

上式便为菲克扩散系数随时间衰减的扩散规律的精确数学模型。可以发现，包括自扩散系数、修正扩散系数和菲克扩散系数在内的三种扩散系数均是表面覆盖度 θ 的函数（也就是与浓度 c 有关），其随时间衰变关系的准确解是很复杂的。所以多数学者在应用该公式时，常常采用一些假设条件来简化其复杂度，从而适应实验的实际条件。经典的 Darken 模型认为修正扩散系数和浓度无关[190]。Kärger 等[200]认为在 Henry 压力区域内，即平衡压力与吸附量成正比的区域，自扩散系数、修正扩散系数和菲克扩散系数可以假设相等。而 Zhang[98]通过数值模拟方法研究三者关系时得出，对于理想或近理想体系，此三种扩散系数可近似为等价。事实上在第 5 章中，通过拟合甲烷解吸曲线得出的表观菲克扩散系数（菲克扩散系数）变化规律与自扩散系数变化规律的一致性，也正说明了这种论断。所以，本书近似将自扩散系数与菲克扩散系数看作变化规律一致的量（即忽略浓度分布影响，单孔模型在简化时也采用了如此的假设）。此时，便有如下方程成立，即：

$$D_t \approx D_{s0} \cdot \left(1 - \frac{4}{9\sqrt{\pi}}\frac{S_{pore}}{V_{pore}}\sqrt{D_{s0}t}\right) + O(D_{s0}t) \tag{6-13}$$

6.2 引入孔隙结构参数的单孔优化模型建立

6.2.1 模型假设

在确立了式(6-13)的关系后,便得到了反映孔隙结构特征的扩散系数衰变的数学模型。将此规律利用数学方法代入常规的菲克扩散模型中,是建立引入煤体孔隙结构参数的扩散模型的最后一步。通过此模型的建立能够有效地阐述在损伤过程中,孔径、孔容及孔比表面积的变化对解吸曲线形态的影响。结合单孔扩散模型的具体假设,可将假设设立为:

① 煤粒的形状为球形;

② 煤粒为均质且各向同性介质;

③ 甲烷的解吸过程遵循质量守恒和连续性定理;

④ 扩散系数与浓度和坐标无关;

⑤ 解吸过程在恒温条件下进行;

⑥ 在球心内部和表面处的浓度(或压力)在整个解吸过程中均保持恒定;

⑦ 自扩散系数与菲克扩散系数看作变化规律一致的量。

从上述简化条件可以看出,在经典的单孔模型以及基于单孔模型而推导出的双孔模型中,都排除了浓度的影响。从这一方面来说,从式(6-12)到式(6-13)的简化关系,即将影响菲克扩散系数与自扩散系数转化关系的浓度因素忽略,这种假设是合理可行的。

6.2.2 引入参数 D_t 的单孔优化模型解析解

如果菲克扩散系数 D_F 只与时间 t 有关(与浓度 c 及坐标 X、Y 和 Z 无关),则在极坐标系下式(5-1)可写为:

$$\frac{\partial c}{\partial t} = \frac{D_t}{r^2} \cdot \frac{\partial}{\partial r}\left(r^2 \cdot \frac{\partial c}{\partial r}\right) = D_t\left(\frac{\partial^2 c}{\partial r^2} + \frac{2}{r}\frac{\partial c}{\partial r}\right) \tag{6-14}$$

式中, r ——极坐标,mm。

其边界条件为:

$$\begin{cases} c(r, 0) = c_0 \\ c(a_P, t) = c_1 \\ \left.\frac{\partial c}{\partial r}\right|_{r=0} = 0 \end{cases} \tag{6-15}$$

将式(6-14)中的 D_t 移到方程左边,可化为:

$$\frac{\partial c}{D_t \partial t} = \frac{\partial^2 c}{\partial r^2} + \frac{2}{r}\frac{\partial c}{\partial r} \tag{6-16}$$

在此处定义：

$$\beta = \int_0^t D_t \, \mathrm{d}t \tag{6-17}$$

则存在关系：

$$\begin{cases} \beta \big|_{t=0} = 0 \\ \mathrm{d}\beta = D_t \, \mathrm{d}t \end{cases} \tag{6-18}$$

利用变量变换法，将式(6-16)左边写成关于 β 的偏导数，有：

$$\frac{\partial c}{\partial \beta} = \frac{\partial^2 c}{\partial r^2} + \frac{2}{r} \frac{\partial c}{\partial r} \tag{6-19}$$

对比式(6-19)和式(6-16)可以发现，上述方程相当于原扩散系数 D_t 等于1，且 t 等于 β 的转化式。故对于扩散系数随时间变化的偏微分方程在求解方法上与一般的单孔球体均质模型一致。继续对式(6-19)进行变量替换，令 $\bar{u} = cr$，有：

$$\begin{cases} \dfrac{\partial \bar{u}}{\partial \beta} = \dfrac{\partial^2 \bar{u}}{\partial r^2} \\ \bar{u} = 0 & (r = 0, \ \beta > 0) \\ \bar{u} = a_P c_1 & (r = a_P, \ \beta > 0) \\ \bar{u} = r c_0 & (0 < r < r_0, \ \beta) \end{cases} \tag{6-20}$$

对上述方程的边界条件进行处理，令 $\bar{u} = \bar{w} + c_1 r$，可得：

$$\begin{cases} \dfrac{\partial \bar{w}}{\partial \beta} = \dfrac{\partial^2 \bar{w}}{\partial r^2} \\ \bar{w} = 0 & (r = 0, \ \beta) \\ \bar{w} = 0 & (r = a_P, \beta) \\ \bar{w} = r c_0 - r c_1 & (r, \ 0) \end{cases} \tag{6-21}$$

此时的边界条件适合分离变量法的使用，令 $\bar{w} = \chi(r)\tau(\beta)$，则有：

$$\chi \frac{\partial \tau}{\partial \beta} = \tau \frac{\partial^2 \xi}{\partial r^2} \tag{6-22}$$

观察上式可以发现，等式左边是关于 β 的函数(与 r 无关)，而等式右边是关于 r 的函数，与 β 的取值无关。故要想让等式成立，则必须保证等式两端等于同一个与 β 和 r 无关的常数，且如果想使该偏微分方程有符合实际的解，还需保证此常数为负(若不为负数，则求得的浓度差会随时间逐渐增加，与扩散使得浓度均一化的假设相悖)，记作 $-\psi^2$，有：

$$\begin{cases} \dfrac{1}{\tau} \dfrac{\partial \tau}{\partial \beta} = -\psi^2 \\ \dfrac{1}{\chi} \dfrac{\partial^2 \chi}{\partial r^2} = -\psi^2 \end{cases} \tag{6-23}$$

解之可得：

$$\begin{cases} \tau(\beta) = \exp(-\psi^2 \beta) \\ \chi(r) = \bar{A} \sin(\psi r) + \bar{B} \cos(\psi r) \end{cases} \tag{6-24}$$

式中，$\bar{A}$，$\bar{B}$ ——方程解的系数。

根据扩散的叠加原理，对每一个 ψ 值对应的扩散方程的解进行叠加，所得的方程仍是该扩散方程的解，可得：

$$\bar{w} = \sum_{n=0}^{\infty} \left[\bar{A}_n \sin(\psi_n r) + \bar{B}_n \cos(\psi_n r) \right] \exp(-\psi_n^2 \beta) \tag{6-25}$$

式中，$\bar{A}_n$，$\bar{B}_n$，ψ_n ——扩散方程叠加后各项的系数。

而由方程组(6-21)存在的边界条件可知，要想使 $\bar{w} = 0(r=0，\beta)$ 成立，则必须保证式(6-25)中，所有的 $\bar{B}_n$ 值必须为零；而如果想要 $\bar{w} = 0(r=a_P，\beta)$ 成立，则必须保证该式中 $\psi_n a_P = n\pi$，则可得出：

$$\bar{w} = \sum_{n=0}^{\infty} \bar{A}_n \sin\left(\frac{n\pi}{a_P} r\right) \exp\left(-\frac{n^2 \pi^2}{a_P^2} \beta\right) \tag{6-26}$$

而对于 $\bar{A}_n$，由条件 $\bar{w} = rc_0 - rc_1(r，0)$ 可知，其为 $rc_0 - rc_1$ 傅里叶展开式的系数，即：

$$rc_0 - rc_1 = \sum_{n=0}^{\infty} \bar{A}_n \sin\left(\frac{n\pi}{a_P} r\right) \tag{6-27}$$

由傅里叶级数的关系可以得出：

$$\begin{aligned} \bar{A}_n &= \frac{2}{a_P} \int_0^{r_0} r(c_0 - c_1) \sin\left(\frac{n\pi}{a_P} r\right) \mathrm{d}r \\ &= \frac{2a_P}{n^2 \pi^2} (c_0 - c_1) \left[\sin(n\pi) - n\pi \cos(n\pi) \right] \end{aligned} \tag{6-28}$$

所以：

$$w = \frac{2a_P}{\pi} (c_0 - c_1) \sum_{n=1}^{\infty} \left[\frac{(-1)^{n+1}}{n} \sin\left(\frac{n\pi r}{a_P}\right) \exp\left(-\frac{n^2 \pi^2}{a_P^2} \beta\right) \right] \tag{6-29}$$

根据关系 $\bar{u} = cr$ 和 $\bar{u} = \bar{w} + c_1 r$，可以得出：

$$\frac{c - c_1}{c_0 - c_1} = \frac{\bar{w}}{r(c_0 - c_1)} = \frac{2a_P}{r\pi} \sum_{n=1}^{\infty} \left[\frac{(-1)^{n+1}}{n} \sin\left(\frac{n\pi r}{a_P}\right) \exp\left(-\frac{n^2 \pi^2}{a_P^2} \beta\right) \right] \tag{6-30}$$

则当 $r \rightarrow 0$ 时,有:

$$\frac{c-c_1}{c_0-c_1}=2\sum_{n=1}^{\infty}(-1)^{n+1}\exp\left(-\frac{n^2\pi^2}{a_P^2}\beta\right) \tag{6-31}$$

对上式进行积分,可得到扩散进入或者离开该球体的总的体积为:

$$\frac{Q_t}{Q_\infty}=1-\frac{6}{\pi^2}\sum_{n=1}^{\infty}\frac{1}{n^2}\exp\left(-\frac{n^2\pi^2}{a_P^2}\beta\right) \tag{6-32}$$

联立式(6-13)和式(6-17),可知

$$\beta=\int_0^t D_t\mathrm{d}t=\int_0^t\left[D_{s0}\cdot\left(1-\frac{4}{9\sqrt{\pi}}\frac{S_{\mathrm{pore}}}{V_{\mathrm{pore}}}\sqrt{D_{s0}t}\right)+O(D_{s0}t)\right]\mathrm{d}t \tag{6-33}$$

将式(6-33)代入式(6-32)便可以得出引入菲克扩散系数衰减效应的单孔优化模型:

$$\frac{Q_t}{Q_\infty}=1-\frac{6}{\pi^2}\sum_{n=1}^{\infty}\frac{1}{n^2}\exp\left\{-\frac{n^2\pi^2}{a_P^2}\int_0^t\left[D_{s0}\cdot\left(1-\frac{4}{9\sqrt{\pi}}\frac{S_{\mathrm{pore}}}{V_{\mathrm{pore}}}\sqrt{D_{s0}t}\right)+O(D_{s0}t)\right]\mathrm{d}t\right\}$$

$$\tag{6-34}$$

从上式可以发现,孔隙的比表面积和孔容之比 $S_{\mathrm{pore}}/V_{\mathrm{pore}}$ 影响着菲克扩散系数的衰减规律,进而对解吸分数曲线产生影响。从这方面看,孔形(如圆柱形、球形、板形)及孔隙几何特征(孔径及孔长)对解吸曲线都有着很大的影响。但是在对 β 进行积分的过程中,由于其公式的复杂性,很难求得精确的积分式。在应用时,需要进行一定的变换。Loskutov 和 Sevriugin[186] 在对流体自扩散系数随时间衰减的规律进行研究时,将式(6-13)与 NMR 测试信号数学模型对比,简化出了适用于全局的自扩散系数衰减公式,则存在关系:

$$\frac{D_t(t)-D_\infty}{D_{s0}-D_\infty}\approx\frac{D_s(t)-D_\infty}{D_{s0}-D_\infty}=\exp\left(-F\frac{S_{\mathrm{pore}}}{V_{\mathrm{pore}}}\sqrt{D_{s0}t}\right) \tag{6-35}$$

对上式进行变换,可得:

$$D_t(t)=(D_{s0}-D_\infty)\exp\left(-F\frac{S_{\mathrm{pore}}}{V_{\mathrm{pore}}}\sqrt{D_{s0}t}\right)+D_\infty \tag{6-36}$$

令 $M=D_{s0}-D_\infty$, $N=-F\cdot S_{\mathrm{pore}}/V_{\mathrm{pore}}\sqrt{D_{s0}}$, 有:

$$D_t(t)=M\exp(N\sqrt{t})+D_\infty \tag{6-37}$$

对上式进行积分,可得:

$$\beta=\int_0^t D_t\mathrm{d}t=D_\infty t+\frac{2M}{N}\mathrm{e}^{N\sqrt{t}}\cdot\sqrt{t}-\frac{2M}{N^2}\mathrm{e}^{N\sqrt{t}}+C \tag{6-38}$$

式中, C ——积分得出的常数。

此时,式(6-35)可变为:

$$\begin{cases} \dfrac{Q_t}{Q_\infty} = 1 - \dfrac{6}{\pi^2}\sum_{n=1}^{\infty}\dfrac{1}{n^2}\exp\left[-\dfrac{n^2\pi^2}{r_0^2}\left(D_\infty t + \dfrac{2M}{N}\mathrm{e}^{N\sqrt{t}}\cdot\sqrt{t} - \dfrac{2M}{N^2}\mathrm{e}^{N\sqrt{t}} + C\right)\right] \\ M = D_{s0} - D_\infty \\ N = -F\cdot S_{\mathrm{pore}}/V_{\mathrm{pore}}\sqrt{D_{s0}} \end{cases} \tag{6-39}$$

6.2.3 短时间内单孔优化模型的简化

根据实践经验,在突出过程中短时间内煤体甲烷的解吸特性更为重要,因此需要对式(6-39)进行简化。Smith 和 Williams[100]认为,经典的单孔模型解析解在短时间(一般认为是 10 min 以内)可以转化为:

$$\dfrac{Q_t}{Q_\infty} = \dfrac{6}{\sqrt{\pi}}\sqrt{\dfrac{D_{\mathrm{F}}t}{a_{\mathrm{P}}^2}} - \dfrac{3D_{\mathrm{F}}t}{a_{\mathrm{P}}^2} + 12\sqrt{\dfrac{D_{\mathrm{F}}t}{a_{\mathrm{P}}^2}}\sum_{n=1}^{\infty}\mathrm{ierfc}\dfrac{na_{\mathrm{P}}}{\sqrt{D_{\mathrm{F}}t}} \tag{6-40}$$

运用 6.2.2 小节的转化思想,即单孔模型定扩散系数转换为时变扩散系数时,可将原扩散系数 D_t 等于 1,并使 t 等价于 β,则有:

$$\dfrac{Q_t}{Q_\infty} = \dfrac{6}{\sqrt{\pi}}\sqrt{\dfrac{\beta}{a_{\mathrm{P}}^2}} - \dfrac{3\beta}{a_{\mathrm{P}}^2} + 12\sqrt{\dfrac{\beta}{a_{\mathrm{P}}^2}}\sum_{n=1}^{\infty}\mathrm{ierfc}\dfrac{na_{\mathrm{P}}}{\sqrt{\beta}} \tag{6-41}$$

省略上式的高阶项 $-\dfrac{3\beta}{a_{\mathrm{P}}^2}$ 和误差项 $12\sqrt{\dfrac{\beta}{a_{\mathrm{P}}^2}}\sum_{n=1}^{\infty}\mathrm{ierfc}\dfrac{na_{\mathrm{P}}}{\sqrt{\beta}}$,变为与经典的 $\sqrt{t}$ 模型 $\left(\dfrac{Q_t}{Q_\infty} = \dfrac{6}{\sqrt{\pi}}\sqrt{\dfrac{D_{\mathrm{F}}t}{a_{\mathrm{P}}^2}}\right)$ 相似的表达式:

$$\dfrac{Q_t}{Q_\infty} = \dfrac{6}{\sqrt{\pi}}\sqrt{\dfrac{\beta}{a_{\mathrm{P}}^2}} \tag{6-42}$$

将 β 的表达式代入式(6-42),即有:

$$\dfrac{Q_t}{Q_\infty} = \dfrac{6}{\sqrt{\pi}}\sqrt{\dfrac{D_\infty t + \dfrac{2M}{N}\mathrm{e}^{N\sqrt{t}}\cdot\sqrt{t} - \dfrac{2M}{N^2}\mathrm{e}^{N\sqrt{t}} + C}{a_{\mathrm{P}}^2}} \tag{6-43}$$

6.3 孔隙结构几何参数对菲克扩散系数衰减特性及解吸曲线形态的影响

6.3.1 孔径因素

孔壁产生的吸附势是多孔介质吸附现象的根本原因。在富微孔介质中,孔隙系统内巨大的孔壁表面上存在着大量酸性位和官能团等具有电子转移型相互作用的强吸附位，吸附势比平坦表面大得多，使得其能在很小的压力下完成大质量的吸附。Everett 和 Powl 给出了平板形孔中，吸附质分子受到微孔两壁面的吸附势（Φ）表达式为[102, 201]：

$$\Phi(Z, w) = \frac{5}{3}\Phi_0 \left\{ \frac{2}{5}\left[\frac{\sigma_{sk}^{10}}{(w+Z)^{10}} + \frac{\sigma_{sk}^{10}}{(w-Z)^{10}} \right] - \left[\frac{\sigma_{sk}^4}{(w+Z)^4} + \frac{\sigma_{sk}^4}{(w-Z)^4} \right] \right.$$
$$\left. - \left[\frac{\sigma_{sk}^4}{3\Delta(0.61\Delta+w+Z)^3} + \frac{\sigma_{sk}^4}{3\Delta(0.61\Delta+w-Z)^3} \right] \right\}$$

$$(6-44)$$

式中，w ——平板形孔的孔半径，nm；

Z ——坐标值，指距离孔中心的距离，nm；

Φ_0 ——单个表面对单个分子的最小吸附势能，J；

Δ ——晶格间距，0.335 nm；

σ_{sk} ——已吸附的分子对未吸附的气态分子的有效直径，此处近似简化为吸附质分子的动力直径，0.38 nm。

根据此方程，分别对孔径为 0.38 nm（1 倍甲烷分子动力直径）、0.57 nm（1.5 倍甲烷分子动力直径）、0.76 nm（2 倍甲烷分子动力直径）和 1 nm 的平板形孔中，甲烷分子所受的吸附势能分布曲线进行绘制，如图 6-1 所示。从图中可以发现，在大孔径阶段，吸附势主要存在于靠近壁面的区域内。而随着孔径的逐渐减小，孔壁产生的作用势逐渐重叠加强（白色虚线框内区域），中心与壁面的吸附势差异逐渐减小且势能显著增大。但当孔径减至接近甲烷分子动力直径的孔径范围内（0.38 nm 左右）时，孔对甲烷分子产生了排斥作用。壁面的吸附势一方面对甲烷的运移产生拉扯的牵制作用，使分子向孔隙内部的驱动合力减弱；另一方面又会使甲烷气体的性质发生改变，使其密度逐渐变大，扩散阻力逐渐加强，扩散消耗时间也显著增加。

观察式（6-35），发现等式右端关于 $\sqrt{t}$ 的系数项，即 N 值，是由孔隙的几何参数决定的。而对于常见的具有球形孔的多孔介质来说，表面积与体积有如下关系：

$$\frac{S_{pore}}{V_{pore}} = \frac{4\pi r_{pore}^2}{4/3\pi r_{pore}^3} = \frac{3}{r_{pore}} \qquad (6-45)$$

则有：

$$\frac{D_t(t) - D_\infty}{D_{s0} - D_\infty} = \exp\left(-F\frac{3}{r_{pore}}\sqrt{D_{s0}t} \right) \qquad (6-46)$$

类比式（5-27），写出实验中所测得的表观菲克扩散系数和理论扩散系数的关系：

$$D_{s0} = r_d^2 \cdot D_{a0} \qquad (6-47)$$

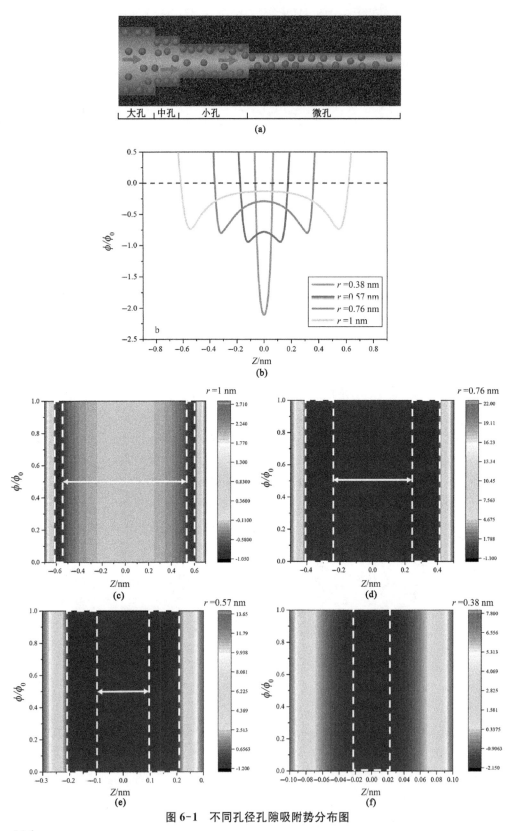

图 6-1　不同孔径孔隙吸附势分布图

则对于球形孔,有:

$$\frac{D_t(t) - D_\infty}{D_{s0} - D_\infty} = \exp\left(-F\frac{3r_d}{r_{pore}}\sqrt{D_{a0}t}\right) \tag{6-48}$$

对于同一种物质 F 的取值是固定的[186],所以上式就反映了球形孔不同孔半径下表观菲克扩散系数的时变规律。在式(6-48)中代入不同的 r_d 值,可以得出不同孔径条件下 N 值的取值范围。而由解吸实验可知,表观菲克扩散系数 D_{a0} 处在 $10^{-7} \sim 10^{-3}\ \mathrm{s}^{-1}$ 的范围内,此时选取 $10^{-5}\ \mathrm{s}^{-1}$ 作为参照值;F 值可近似取经验值 0.87[186]。另外需要明确的是,扩散长度 r_d 并不是孔的长度,Yang 等[202]在计算页岩气菲克扩散系数时,提出了一种计算其大小的模型:

$$r_d = 3(m_{Org}/\rho_k)/S_0 \tag{6-49}$$

式中,m_{Org} ——单位质量页岩的有机质含量,g/g;

$\quad\rho_k$ ——基质密度,$\mathrm{g/m^3}$;

$\quad S_0$ ——低温液氮实验测出的 BET 比表面积,$\mathrm{m^2/g}$。

对于煤来说,假设煤中全部是有机质组成,即 $m_{Org} = 1$;根据第 3 章中液氮实验,统计实验煤样的 BET 比表面积;同时,假设 ρ_k 为 $1.6\ \mathrm{t/m^3}$,便可以得到 r_d 大致的范围为 $10^{-8} \sim 10^{-6}\ \mathrm{m}$,如表 6-1 所示。因此,在计算菲克扩散系数时变规律时,采用了 $1 \times 10^{-7}\ \mathrm{m}$(100 nm)的中间值,如表 6-1 所示。

表 6-1 扩散长度 r_d 的计算结果

粒径 /mm	柳塔煤样		双柳煤样		大宁煤样	
	S_0 /(m²/g)	r_d /nm	S_0 /(m²/g)	r_d /nm	S_0 /(m²/g)	r_d /nm
<0.074	14.82	126.54	1.49	1 258.39	98.33	19.07
0.074～0.2	18.10	103.57	0.91	2 058.18	73.47	25.52
0.2～0.25	18.48	101.48	0.34	5 450.58	58.72	31.93
0.25～0.5	16.25	115.41	0.36	5 193.91	43.30	43.30
0.5～1	17.10	109.65	0.24	7 716.05	49.86	37.60
1～3	18.34	102.22	0.25	7 470.12	41.10	45.62

将上述参数代入式(6-48),计算出球形孔孔径为 1 nm、10 nm、20 nm 及 50 nm 的 N 值,分别为 -0.83、-0.083、-0.04 及 -0.017,绘制出如图 6-2 所示的衰减曲线和解吸曲线。从图中可以知晓,随着孔径的逐渐增大,菲克扩散系数衰减至最终值时所耗时间逐渐加长,因此会长时间地保持较大的菲克扩散系数,使得甲烷分子很容易从孔隙中运移出来,宏观上表现为解吸速度保持在一个较高的水平上。

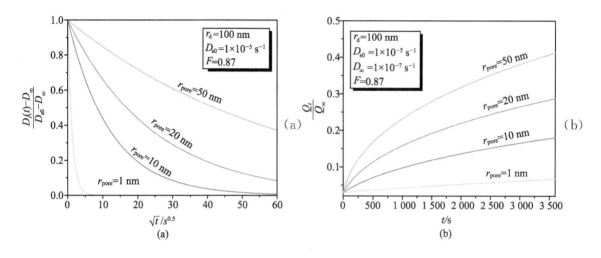

图 6-2　理想球形孔不同孔径条件下的解吸扩散特性

(a) 菲克扩散系数衰减曲线；(b) 解吸曲线

6.3.2　孔长因素

从 6.3.1 小节可知,孔径的大小决定了孔壁对甲烷分子的吸附势,也决定了其对甲烷分子限制力量的大小,因此从根本上说吸附势才是改变甲烷分子扩散系数的本质因素。而仅考虑孔长而不改变孔径的话,由于其并未改变孔壁对甲烷分子的吸附势,故在一定时间内不管孔长有多长,甲烷分子受到孔壁的限制作用也是相等的,扩散系数的衰减规律也不会发生改变。而观察扩散长度与扩散时间的关系[式(5-8)],我们可以知道,扩散长度虽然决定不了分子的动力行为,但可以反映其时间状态。孔长决定了甲烷分子受到作用力的时间,孔长越长,受力作用越持久,衰减程度越明显。

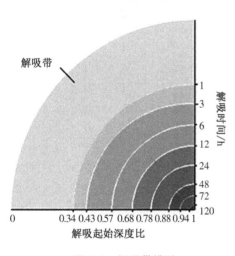

图 6-3　解吸带模型

取球体扩散模型某一截面的四分之一,将解吸过程看作是呈如图 6-3 所示扇形逸散的过程。由于在吸附平衡过程中,不同吸附时间下甲烷分子进入孔内部的深度不同,因此解吸初始时刻,各甲烷分子所处的起始解吸位置不同。对于先解吸出的甲烷分子,所经历的孔长是较小的,所受的孔壁作用也是较小的,因此扩散系数较大。而在解吸末期,即越靠近球粒中心位置的甲烷分子所经历的扩散过程越曲折,受力越长久,最终的扩散系数也会越小。

根据式(5-9),扩散路径长度与扩散时间的关系为:

$$l_j = \sqrt{\eta_d r_d^2 D_{a0} t} \qquad (6\text{-}50)$$

式中，η_d——比例因子，与扩散维度有关。

因此式(6-48)变为：

$$\frac{D_t(t) - D_\infty}{D_{s0} - D_\infty} = \exp\left(-F \frac{3}{\sqrt{\eta_d}\, r_{pore}} l_j\right) \qquad (6\text{-}51)$$

上式便对孔长参数对扩散系数的衰减影响作出了模型表征。为了表示方便，本书将一秒时间内所走过的扩散长度作为扩散的单位度量 l_0，即：

$$l_0 = \sqrt{\eta_d r_d^2 D_{a0}} \qquad (6\text{-}52)$$

则孔长和扩散时间的关系可以表示为：

$$l_j = l_0 \sqrt{t} \qquad (6\text{-}53)$$

参照 6.3.1 小节的计算参数，计算不同孔长（$10l_0$、$20l_0$、$30l_0$、$40l_0$）条件下的 N 值，并通过扩散时间的长短来厘定孔长对菲克扩散系数时变规律及瓦斯解吸规律的影响，如图 6-4 所示。从图中可以发现，由于 N 值并没有发生变化，各孔长所计算出的衰减曲线是重合的。孔壁的作用时间最终改变的是甲烷分子溢出孔隙外口时的扩散系数 D'_∞。所选四个不同孔长对应的阶段 D'_∞ 分别为 $4.94 \times 10^{-6}\ \text{s}^{-1}$、$2.73 \times 10^{-6}\ \text{s}^{-1}$、$1.76 \times 10^{-6}\ \text{s}^{-1}$ 及 $1.33 \times 10^{-6}\ \text{s}^{-1}$。

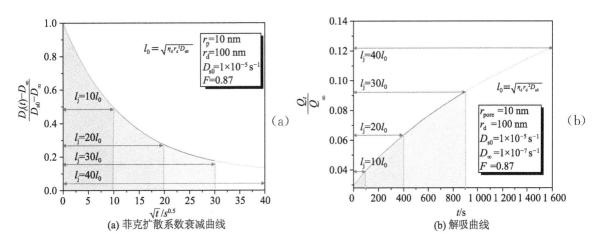

(a) 菲克扩散系数衰减曲线　　　　　　　(b) 解吸曲线

图 6-4　理想球形孔不同孔长条件下的解吸扩散特性

在损伤过程中，在孔径和孔隙形状不改变的情形下，反映孔隙损伤的参数（如孔隙开口方式和串并联方式的改变）均可以用孔长的变化来理想化地解释。以平板形孔等分损伤为例（图 6-5），一端开口的孔变为两端开口，此时等效孔长便变为了原来的 1/2；对一端开口孔而言，孔道被等分成 2 份、3 份或 4 份时，最小孔长便变为了原来的 1/4、1/6 和 1/8，而控制解吸终止时间的最大孔长变为了原孔长的 1/2、1/3 和 1/4;对两端开口孔而言,最短孔长和最长孔长一致,分别为原孔长的 1/4、1/6 和 1/8。孔损伤后处于孔隙内部的甲烷分子运移到孔隙外端的距离被大大缩短,甲烷分子扩散系数残留的最大值由孔长最短的孔所决定。另外,孔长的变化又可以从孔长的串并联方式上进行解释,即损伤的过程使得原本串联的各孔,变为了并联形式,所以甲烷所走的路径变短,单位时间内涌出的甲烷变多。

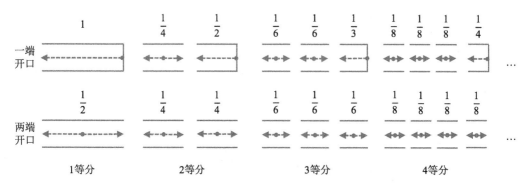

图 6-5 孔等分损伤过程中开口方式与孔长的变化

6.3.3 孔形因素

不同孔形决定了孔的比表面积与体积的比不同,进而影响甲烷分子对孔壁的边界感受不同。类比于球形孔的计算方法,可以得到圆柱形孔比表面积与体积之比:

$$\frac{S_{\text{pore}}}{V_{\text{pore}}} = \frac{2\pi r_{\text{pore}} h}{\pi r_{\text{pore}}^2 h} = \frac{2}{r_{\text{pore}}} \tag{6-54}$$

式中,h ——圆柱形孔的孔长,m。

同样的,对于平板形孔,有:

$$\frac{S_{\text{pore}}}{V_{\text{pore}}} = \frac{2a_s b_s}{a_s b_s \cdot 2r_{\text{pore}}} = \frac{1}{r_{\text{pore}}} \tag{6-55}$$

式中,a_s、b_s ——平板形孔的长度和宽度,m。

综上,对于具有特定形状(如球形、圆柱形、平板形)的孔来说,有:

$$\frac{S_{\text{pore}}}{V_{\text{pore}}} = f\left(\frac{1}{r_{\text{pore}}}\right) = \frac{\bar{\vartheta}}{r_{\text{pore}}} \tag{6-56}$$

式中,$\bar{\vartheta}$ 为孔的形状因子,球形孔、圆柱形孔和平板形孔分别取 1、2、3。

所以,孔形便可以在衰变模型中反映出来,有:

$$\frac{D_t(t) - D_\infty}{D_{s0} - D_\infty} = \exp\left(-\bar{\vartheta} \cdot F \frac{r_d}{r_{\text{pore}}} \sqrt{D_{a0} t}\right) \tag{6-57}$$

参照 6.3.2 小节的计算参数,计算不同孔形(球形、圆柱形和平板形)条件下的 N 值,因为理想球形孔和圆柱形孔比表面积与体积之比分别是平板形孔的 3 倍和 2 倍,所以三者 N 值呈 3∶2∶1 的比例关系,分别为 -0.83、-0.55 及 -0.28。然后据此得出不同孔形对菲克扩散系数时变规律的影响规律和瓦斯解吸规律,如图 6-6 所示。从图中可以知晓,同等条件下,球形孔扩散系数衰减至最终值时所耗时间最长,圆柱形孔次之,平板形孔最小。所以球形孔更利于菲克扩散系数的保持,宏观上表现为初期有更大的解吸速度,解吸曲线斜率变化更大。对于圆柱形孔和平板形孔来说,由于其本身就具有孔长这个参数(圆柱形孔为高度,平板形孔为长度),所以在煤中很容易找到类似的孔。而对于球形孔来说,并不具有孔长的特性,而只能由半径去代替孔长参数。在想象其存在时,应将整个煤粒考虑成一个大的球形孔。这一愿景常常在孔隙发育非常好时才能存在(例如无烟煤),因为发达的孔道四通八达,使得甲烷分子能够在各个方向进行运移,宏观上形成具有六个运动维度的球形运动。所以,煤中的球形孔扩散也可能是一个等效的宏观现象,并非实际需要球形孔的存在和参与。

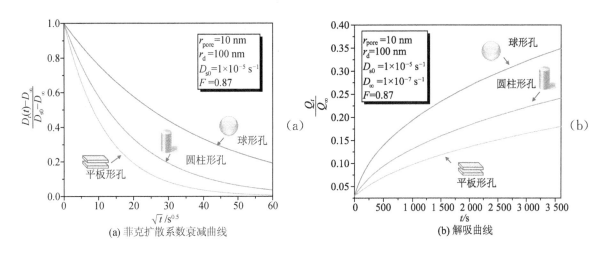

(a) 菲克扩散系数衰减曲线   (b) 解吸曲线

图 6-6　不同孔形状条件下的解吸扩散特性

6.4　单孔优化模型的拟合结果

6.4.1　菲克扩散系数衰变曲线的拟合结果

6.3 节探讨了孔隙参数对菲克扩散系数衰减特性的影响,通过合理取值来推算菲克扩散系数的时变曲线,这种方法属于数学上的理论重演。本节则基于第 5 章中菲克扩散系数试验值,来对菲克扩散系数时变模型和解吸模型进行比较和探讨。将得到的表观菲克扩散系数数据用式(6-35)进行拟合,得到如图 6-7 至图 6-9 所示的拟合曲线。结果如预

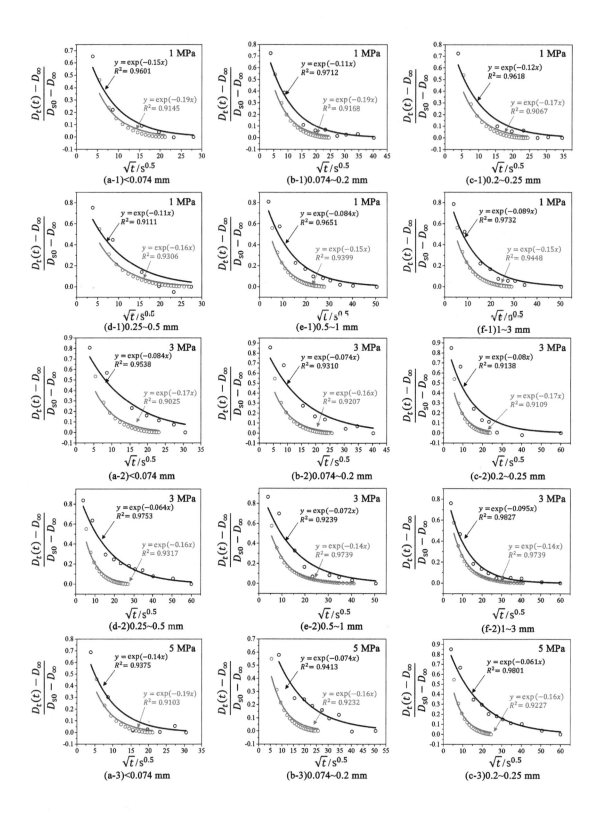

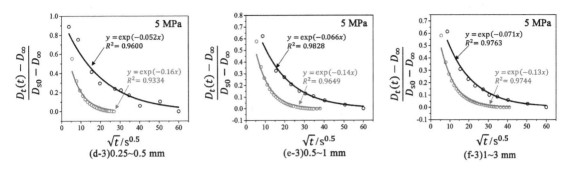

图6-7 对柳塔菲克扩散系数变化值的拟合曲线

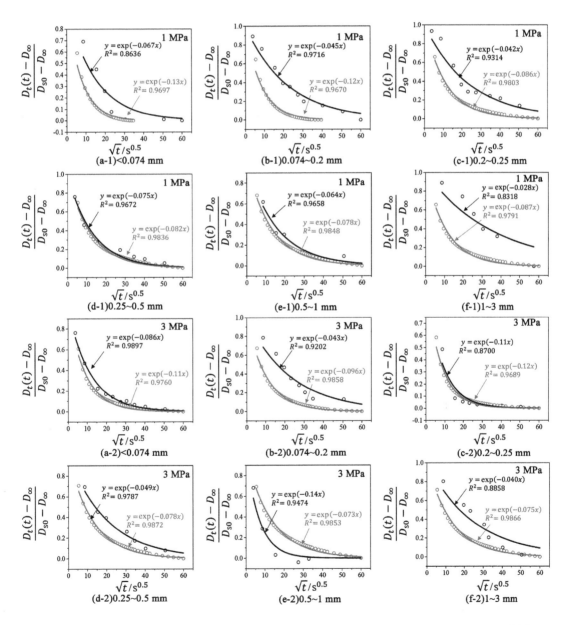

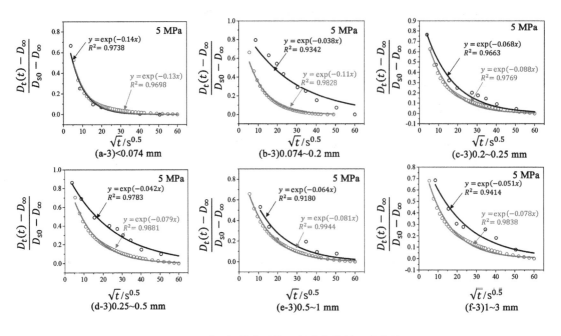

图 6-8　对双柳菲克扩散系数变化值的拟合曲线

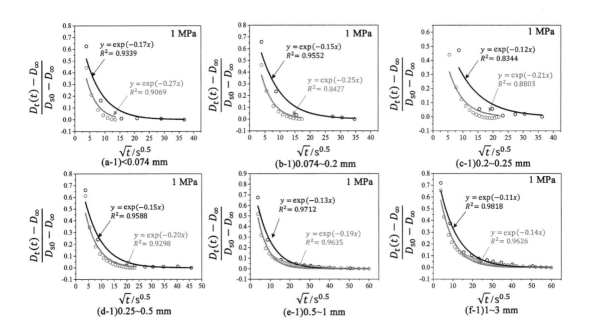

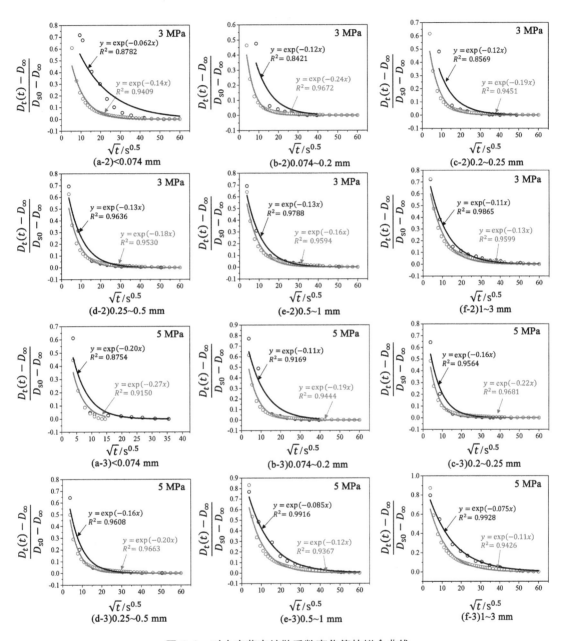

图 6-9 对大宁菲克扩散系数变化值的拟合曲线

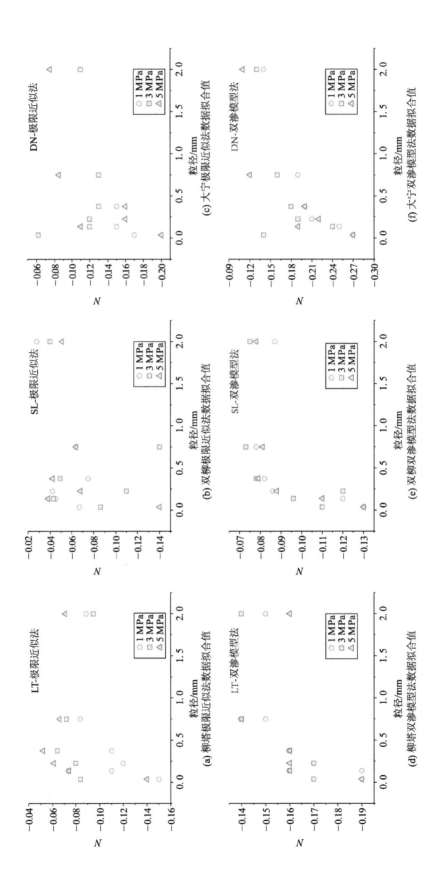

图 6-10　拟合得出的 N 值的变化

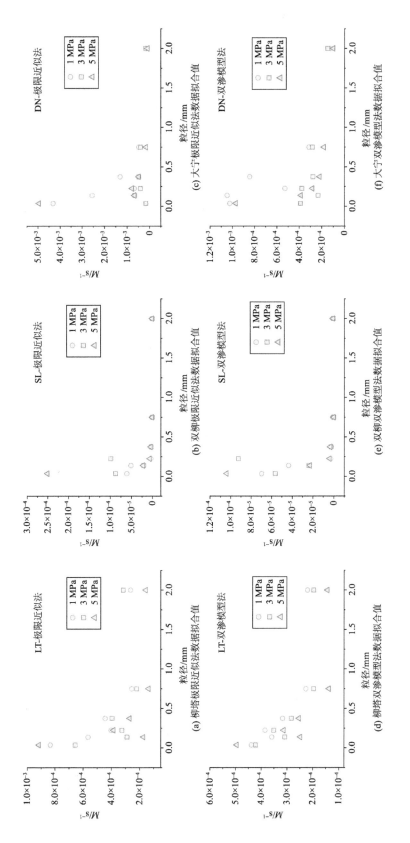

图 6-11　拟合得出的 M 值的变化

期,模型总体上取得了较好的拟合效果,能够反映菲克扩散系数的变化趋势,相关性系数 R^2 最高可达0.994 4。但是,由于采用极限近似法和双渗模型法得到的时变扩散系数本身存在一定的简化假设和实验中的读数误差,所以也会有相关性系数低至0.831 8的结果。

N 值是决定各衰减曲线衰减幅度的重要参数。分别对实验煤样不同压力的数据拟合值进行统计,得到如图 6-10 所示的结果。可以发现在同一压力下,N 值随着粒径的增大而多数呈逐渐增大的趋势,仅有使用极限近似法在 3 MPa 下的 N 值具有大致的下降趋势,其他曲线均呈波动状或正相关状。这与 6.3 节中分析的结论略有差异(粒径越小,平均孔径越大,N 值越大),究其原因主要是通过拟合的方法并不能获得确定的 F 值以及 D_{s0} 值,而 6.3 节中却假定了这两种参数的值,这同时也是没有直接反推解吸曲线的原因。而对于不同压力,N 值的相关性也较差,整体上随压力呈波动状变化,这也侧面反映了实验压力对孔径的改变不大或非单调改变的现象。文献中在研究煤体渗透率演化机制时,多有阐述有效应力及吸附膨胀的相互牵制作用。所以可吸附气体压力对于孔径的改变也是非单调的。此外,N 值的大致范围为 0.01~0.1 数量级,最大值为 -0.028,最小值为 -0.27,这与 6.3 节中由低温液氮实验等参数反算出的 N 值有着相近的数量级,这一点也可以验证 6.3 节中参数选择的正确性。

而 M 值的变化趋势很明显,其表征了初始菲克扩散系数与终止菲克扩散系数之差。如图 6-11 所示,三种煤样不同压力下的 M 值均随着粒径的增大而逐渐减小,意味着菲克扩散系数衰减的幅度逐渐减小,这与实验中观察到的现象重合度很高。柳塔煤样的拟合值范围为 10^{-4} 数量级;双柳煤样的拟合值范围为 10^{-7}~10^{-4} 数量级;大宁煤样的拟合值范围为 10^{-5}~10^{-3} 数量级。M 值最大的点多数出现在 <0.074 mm、5 MPa 条件下,大宁双渗模型法数据拟合值则出现在 <0.074 mm、3 MPa 条件下,但与该粒径5 MPa 下的拟合值相差不大,属于方法选择的系统误差。M 值在大粒径阶段趋于某一稳定值,这是甲烷解吸曲线逐渐趋于重合而导致的。

6.4.2 单孔优化模型对解吸曲线的拟合

根据拟合的 N 值及 M 值,利用式(6-39)对解吸曲线进行反演或拟合,采用以下三种不同的方法:①根据极限近似法拟合的 N 值及 M 值进行解吸曲线的反演;②根据双渗模型法拟合的 N 值及 M 值进行解吸曲线的反演;③不限定 N 值、M 值和常数项 C 值的纯拟合法。模型反算与数据拟合的结果如图 6-12 至图 6-14 及表 6-2 所示。

在理想状态下,反算解吸曲线时常数项 C 可取 $M/2N^2$,以满足关系 $\beta(t=0)=0$,即需满足初始时刻菲克扩散系数的积分值也为常数的关系。但在进行解吸实验时,实验方法要求计算解吸附量时在计时初期必须排除一定量的游离瓦斯,称之为损失量,而此量的厘定显得较为困难,在瓦斯排至空气的过程中,人为的手段很难把握游离气体是否已经排尽

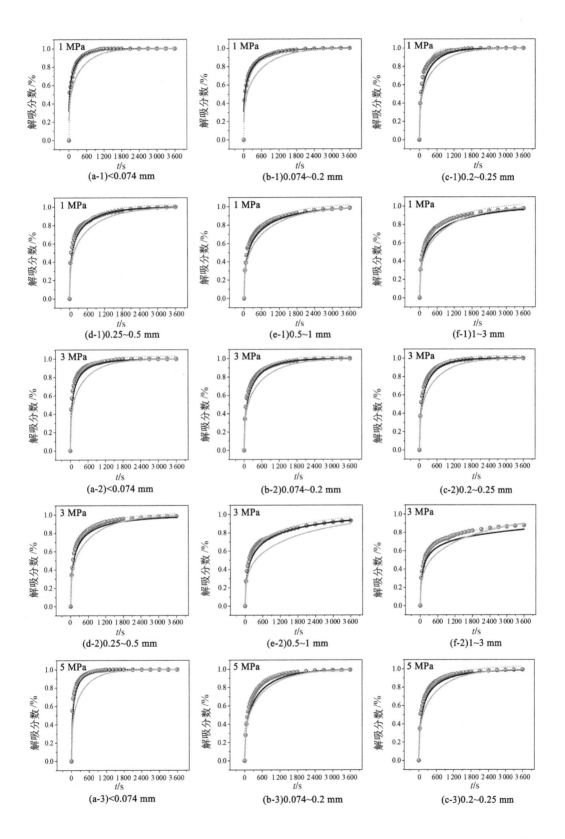

(a-1)<0.074 mm

(b-1)0.074~0.2 mm

(c-1)0.2~0.25 mm

(d-1)0.25~0.5 mm

(e-1)0.5~1 mm

(f-1)1~3 mm

(a-2)<0.074 mm

(b-2)0.074~0.2 mm

(c-2)0.2~0.25 mm

(d-2)0.25~0.5 mm

(e-2)0.5~1 mm

(f-2)1~3 mm

(a-3)<0.074 mm

(b-3)0.074~0.2 mm

(c-3)0.2~0.25 mm

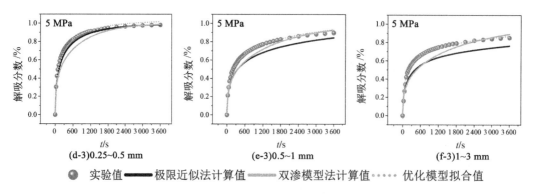

图 6-12　单孔优化模型对柳塔煤样解吸曲线拟合结果

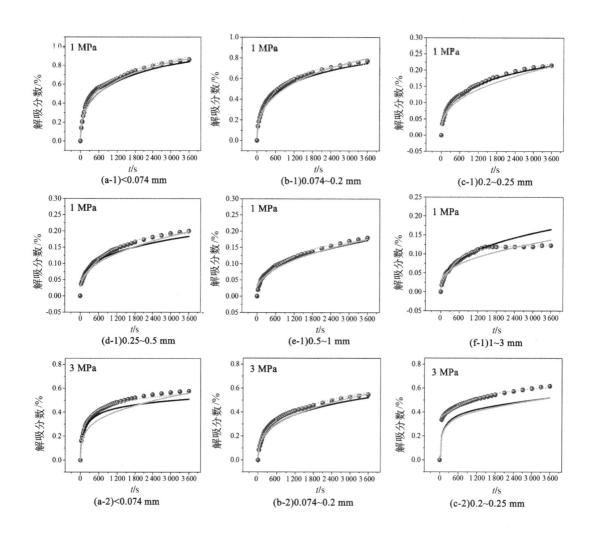

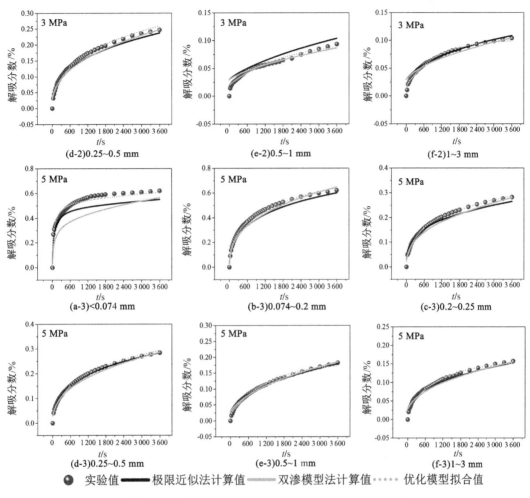

图 6-13 单孔优化模型对双柳煤样解吸曲线拟合结果

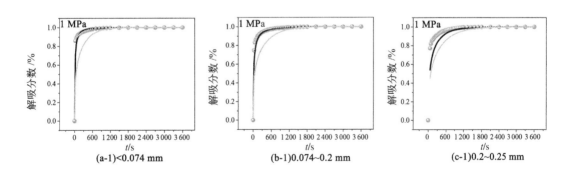

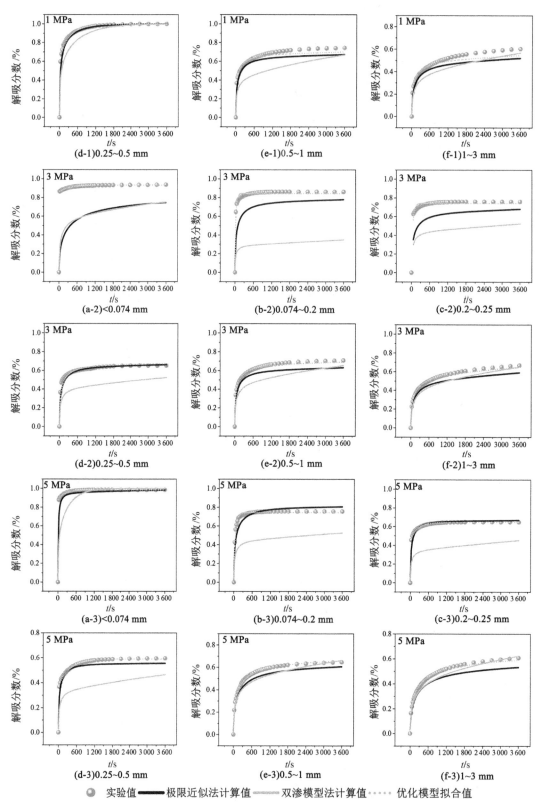

图 6-14　单孔优化模型对大宁煤样解吸曲线拟合结果

甚至排至过量。而 C 值的出现相当于对解吸计时的初始点进行了修正。当 C 值为正时，根据坐标转换的相关原则，相当于曲线的初始计时点沿 t 轴左移了一定距离，此时表征损失量过大，部分吸附甲烷被逸散到空气中；而当 C 值为负时，相当于曲线的初始点向右移了一定距离，此时损失量过小，部分游离态甲烷被计入解吸附态甲烷中。从这个角度上来说，由积分得来的 C 值便有了特定的物理意义。

表 6-2 单孔优化模型解吸数据拟合结果

煤样	粒径 /mm	1 MPa			3 MPa			5 MPa		
		M	N	C	M	N	C	M	N	C
柳塔	<0.074	4.39×10^{-4}	−0.19	0.011	4.22×10^{-4}	−0.17	−0.017	4.96×10^{-4}	−0.19	0.001
	0.074～0.2	3.59×10^{-4}	−0.19	0.011	3.08×10^{-4}	−0.16	−0.009	9.96×10^{-4}	−0.12	0.006
	0.2～0.25	1.00×10^{-4}	−0.10	0.001	3.51×10^{-4}	−0.17	−0.009	3.13×10^{-4}	−0.16	−0.014
	0.25～0.5	3.17×10^{-4}	−0.16	0.009	2.83×10^{-4}	−0.16	−0.013	2.54×10^{-4}	−0.16	−0.011
	0.5～1	2.26×10^{-4}	−0.15	0.007	1.96×10^{-4}	−0.14	−0.007	1.38×10^{-4}	−0.14	−0.006
	1～3	2.20×10^{-4}	−0.15	0.007	1.96×10^{-4}	−0.14	−0.008	1.43×10^{-4}	−0.16	−0.006
双柳	<0.074	6.96×10^{-5}	−0.13	−0.003	5.64×10^{-5}	−0.11	−0.003	1.04×10^{-4}	−0.13	−0.005
	0.074～0.2	1.00×10^{-6}	−0.10	0.018	2.39×10^{-5}	−0.10	−0.002	2.29×10^{-5}	−0.11	−0.002
	0.2～0.25	3.02×10^{-6}	−0.09	−0.001	1.00×10^{-4}	−0.10	0.083	4.12×10^{-6}	−0.09	−0.001
	0.25～0.5	1.00×10^{-6}	−0.10	0.141	2.68×10^{-6}	−0.08	−0.001	3.37×10^{-6}	−0.08	−0.001
	0.5～1	9.99×10^{-7}	−0.10	0.146	9.99×10^{-7}	−0.10	0.207	1.00×10^{-6}	−0.10	0.135
	1～3	3.59×10^{-10}	−0.23	0.177	6.63×10^{-11}	−0.23	0.201	9.99×10^{-7}	−0.10	0.160
大宁	<0.074	1.00×10^{-6}	−0.10	0.149	9.99×10^{-7}	−0.10	0.218	9.99×10^{-7}	−0.10	0.171
	0.074～0.2	1.05×10^{-3}	−0.25	0.001	1.00×10^{-6}	−0.23	0.003	1.00×10^{-6}	−0.22	0.007
	0.2～0.25	1.00×10^{-6}	−0.10	0.091	1.00×10^{-6}	−0.18	0.008	9.99×10^{-7}	−0.10	0.118
	0.25～0.5	1.00×10^{-6}	−0.10	0.052	2.78×10^{-4}	−0.18	−0.008	1.00×10^{-6}	−0.10	0.105
	0.5～1	3.12×10^{-4}	−0.19	0.001	2.82×10^{-4}	−0.16	−0.008	1.81×10^{-4}	−0.12	−0.005
	1～3	1.23×10^{-4}	−0.14	0.001	1.48×10^{-4}	−0.13	−0.005	1.01×10^{-4}	−0.11	−0.004

观察三种方法的拟合效果，可以发现未限定参数的第三种方法更为精确，而反推的解吸曲线则或多或少与原解吸曲线有一定的差异。就柳塔煤样来说，通过极限近似法数据得出的解吸曲线的拟合效果要明显好于双渗模型法，尤其是在曲线趋势走向、斜率变化方面，极限近似法能够较好地与实验数据重合，而双渗模型法在中间时段会产生一定程度的分离，这是由于 N 值的差异而产生的误差。类似的情况也能在大宁煤样的解吸曲线中找到。但不同的是，两种方法在解吸终止量上存在差异，这是由于 C 值的不确定而引起的实验误差。在进行解吸实验时，我们很容易发现对于大宁煤样这种孔隙极度发育的无烟煤，

初期解吸出的甲烷体积很大,短时间内便可以排空标准瓦斯解析仪的 800 mL 体积,人为的读数是会存在很大误差的。这样使得解吸曲线的反算值和实际测定值产生了一定的读数误差。对于双柳煤样,两种反算方法对不同解吸曲线的效果各异,但总体上差异不大,多数曲线能够较好地与实验曲线重合,说明此时 N 值、M 值及 C 值具有较为合理的大小。

此外,时变扩散系数的引入,使得原本单孔模型的拟合精度得到了大面积提升。对比单孔模型的拟合度和新优化模型的拟合度(图 6-15),可以明显地看出,新单孔优化模型的拟合度在 0.95 以上,要远远好于原单孔模型。特别是对大宁煤样的解吸曲线的拟合表征上,原单孔模型的拟合度最低为 0.491 7(0.2~0.25 mm、5 MPa),而此时新模型拟合度达到了 0.986 4,优势明显。

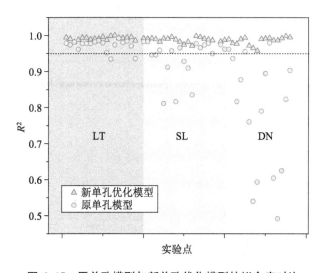

图 6-15 原单孔模型与新单孔优化模型的拟合度对比

6.5 本章小结

本章基于自扩散系数随时间的衰减规律,建立了引入孔隙结构参数的菲克扩散模型,对不同粒径解吸曲线的形态特征进行了数学上的说明和分析,主要结论如下:

1) 扩散现象本质上是由组分的化学势不均一导致的传质现象。在忽略浓度影响的假设条件下,自扩散系数、修正扩散系数和菲克扩散系数是等价关系,自扩散系数的衰减规律可以近似用来表征菲克扩散系数的衰减规律。据此利用分离变量法、变量替换法对含时变扩散系数的菲克扩散模型进行求解,获得了引入孔隙结构参数的单孔优化模型和适用于突出短时间内的单孔优化模型简化形式。

2) 孔隙结构几何参数控制着菲克扩散系数的衰减规律以及解吸曲线的形态。孔径通过控制菲克扩散系数的衰减速率(N 值)来决定菲克扩散系数的衰减规律;孔长通过控制扩散分子的受力时间决定终止时刻的扩散系数大小(M 值),进一步改变菲克扩散系数衰减曲线;孔形通过形状特性形成不同的特征半径,从而类比孔径因素来控制菲克扩散系数的衰减速率(N 值);而孔的开闭口状况可通过有效孔长的改变来体现其对菲克扩散系数衰减曲线的控制作用。菲克扩散系数衰减特性的改变促使煤粒的解吸曲线形态产生了变化。

3) 建立的菲克扩散系数时变模型能很好地反映菲克扩散系数表观值的变化趋势,相关性系数 R^2 最高可达0.994 4。拟合得出的 N 值为 $0.01 \sim 0.1$ 数量级,有随着粒径的加大而多数呈逐渐变大的趋势。拟合出的 M 值均随着粒径的增大而逐渐减小,且因煤样不同而数量级大有不同,柳塔煤样的拟合值范围为 10^{-4} 数量级;双柳煤样的拟合值范围为 $10^{-7} \sim 10^{-4}$ 数量级;大宁煤样的拟合值范围为 $10^{-5} \sim 10^{-3}$ 数量级。

4) 分别采用双渗模型法和极限近似法拟合得出的 N 值和 M 值去反演解吸曲线,发现由于实验的系统误差使得反推的解吸曲线或多或少与原解吸曲线有一定的差异。而未限定 N 值、M 值和 C 值的纯拟合法较之经典的单孔模型对解吸数据有着更好的拟合度:新单孔优化模型拟合度均在 0.95 以上,而原单孔模型的拟合度为 0.491 7。

粉化煤体快速解吸瓦斯在突出发展过程中的作用

煤与瓦斯突出是一种涉及因素多、耦合作用强的复杂地质动力现象。要弄清楚解吸瓦斯在突出发展过程中的作用,需要对其进行一定的假设和简化,从能量平衡角度分析突出过程是一种行之有效的方法。本章首先根据突出过程中的基本特征,对涉及的能量形式及平衡关系进行适当假设及简化;然后基于气固两相流水平管道输运理论,计算煤体搬运终止时刻的临界瓦斯流速,从而厘定突出瓦斯量中的有效做功瓦斯含量;再结合第 5 章中建立的单孔优化模型,对突出短时间内粒径与瓦斯解吸平均速度的关系进行数学表征,进而获得搬运突出煤体所需的最小瓦斯解吸速度和临界破碎粒径的计算公式;最后根据中梁山现场突出实验记录的相关参数变化规律,对搬运其突出煤体的临界突出粒径进行估算,并与文献中的粒径分布进行比对验证。

7.1 突出的基本特征及能量平衡

7.1.1 突出的阶段划分及连续发展的必要条件

按照突出的时间维度,突出过程划分为以下四个阶段(见图 7-1):Ⅰ.准备阶段,突出煤体不断积聚突出潜能,同时煤体在瓦斯、地应力作用下屈服破坏,为突出的发生做准备;Ⅱ.激发阶段,突出的发动是煤体积聚能量超出平衡态,煤体发生动力失稳释放能量;Ⅲ.发展阶段,突出发动后一方面煤体破碎剥离在瓦斯压力和地应力作用下从激发点继续向内部进行,另一方面破碎煤体与瓦斯气流形成的两相流体不断向外运送;Ⅳ.终止阶段,此时突出停止向内剥离,但是异常瓦斯涌出仍会持续进行一段时间。

突出是地应力与瓦斯压力综合作用的结果。在破碎煤体阶段,虽然地应力与瓦斯压力均有参与,但通常情况下地应力都是瓦斯压力的数倍大小,所以地应力是煤体破碎的主要贡献者(瓦斯压力梯度约为静水压力梯度,即 0.01 MPa/m,而煤岩体的地应力梯度约为 0.025 MPa/m[1])。而在煤体搬运阶段,突出煤体与壁面失去接触,高速的瓦斯流是搬运煤体的主要动力,这点可以从与典型的压出和倾出对比中得出,在这两种由地应力控制发生的灾害中,煤岩体并不会产生大距离的移动。所以单纯的地应力并不能对煤岩体进行大质量的搬运做功,而短时间大质量的瓦斯涌出才是突出得以连续发展的必要条件。

参与突出的瓦斯主要由两部分组成：一是突出煤体所含瓦斯，二是突出孔洞周围裂隙中涌出的瓦斯。鉴于块煤初期瓦斯解吸速度较低，多数学者认为参与突出做功的瓦斯只是游离瓦斯，并没有考虑非常规粒径级瓦斯极速解吸的贡献，而把搬运煤体做功所需补充的能量归功于孔洞周围裂隙的游离瓦斯[17, 155]。而根据最近的理论成果可知，煤体的抛出过程是层状的剥离过程[114, 133, 203]。在剥离过程中，应力集中带逐步向孔洞内部移动，因此会造成突出面后方煤体渗透率极低，故在每次抛出的过程中，突出面后方煤体的瓦斯流很难运移并参与搬运突出煤体。此外，由前文中的研究可知，完整未破碎孔洞壁上的煤体相对于突出气固两相流中的高度破碎煤粒，其瓦斯涌出速度较低，所以参与突出的瓦斯主要是突出煤体本身所含瓦斯。这种现象在突出调查事故中多有印证，短时间内冲破浓度表量程的高浓度瓦斯流以及大比例存在的小于 $100~\mu\mathrm{m}$ 粒径的煤粉（或狂粉）存在，从侧面说明了本源瓦斯流对搬运煤体的重要性。

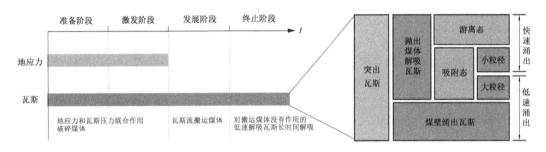

图 7-1　瓦斯和地应力在突出各阶段的作用示意图

7.1.2　突出过程中的能量形式

鉴于瓦斯突出的复杂与多变性，从能量角度对突出进行描述更为可行。国外的霍多特[12]、Gray[131]、Valliappan 和 Zhang[204] 以及国内的郑哲敏[147]、蒋承林和俞启香[134]、文光才等[155] 都曾对瓦斯能量进行了细致的分析。一般认为，在突出过程中主要能量的转化形式为瓦斯膨胀能及煤体的弹性潜能转化为煤体的破碎功、搬运功以及瓦斯的剩余动能，如式（7-1）所示。

$$W_1 + W_2 = W_3 + W_4 + W_5 \tag{7-1}$$

式中　W_1——瓦斯膨胀能，MJ；

W_2——煤体弹性潜能，MJ；

W_3——煤体破碎功，MJ；

W_4——煤体搬运功，MJ；

W_5——瓦斯剩余动能，MJ。

而根据 7.1.1 小节的分析，可以假设破碎和搬运是在时间轴上两个互不交叉、依次发生的独立过程。本煤体产生的游离瓦斯和新解吸瓦斯的膨胀能全部用来且仅用来对煤体

搬运做功,即:

$$W_1 = W_4 + W_5 \tag{7-2}$$

1) 瓦斯膨胀能

瓦斯膨胀做功的过程可以看作是在瞬间发生的绝热膨胀过程[204],其满足关系:

$$P_1 V_1^{\gamma_g} = P_0 V_0^{\gamma_g} \tag{7-3}$$

式中,P_1,V_1——未突出时煤体中瓦斯的压力和在此压力下的体积,MPa,m^3;

P_0,V_0——标准大气压和突出后瓦斯在标准大气压下的体积,MPa,m^3;

γ_g——绝热系数,通常取 1.3。

瓦斯膨胀功则为:

$$W_1 = \frac{P_0 V_0}{n-1}\left[\left(\frac{P_1}{P_0}\right)^{\frac{\gamma_g-1}{\gamma_g}} - 1\right] \tag{7-4}$$

参与突出做功的瓦斯又可以分为游离瓦斯和吸附瓦斯,式(7-4)又可以变为:

$$W_1 = \frac{P_0}{n-1}(V_0^a + V_0^f)\left[\left(\frac{P_1}{P_0}\right)^{\frac{\gamma_g-1}{\gamma_g}} - 1\right] = W_a + W_f \tag{7-5}$$

式中,V_0^a——解吸瓦斯体积,mL;

V_0^f——游离瓦斯体积,mL;

W_a,W_f——解吸瓦斯和游离瓦斯贡献的能量,MJ。

在计算时我们通常可以得到瓦斯的原始压力 P_1 和原始游离体积 V_1^f,而无法测定最终有多少体积瓦斯参与了做功,即无法测量 V_0 的大小。将式(7-5)再次变换,我们可以得出:

$$W_1 = \frac{P_0 V_0}{n-1}\left[\left(\frac{P_1}{P_0}\right)^{\frac{\gamma_g-1}{\gamma_g}} - 1\right] = \frac{P_0}{n-1}(V_1^a + V_1^f)\left(\frac{P_1}{P_0}\right)^{\frac{1}{n}}\left[\left(\frac{P_1}{P_0}\right)^{\frac{n-1}{n}} - 1\right] = W_a + W_f \tag{7-6}$$

式中,V_1^a,V_1^f——突出前吸附态瓦斯和游离态瓦斯的体积,m^3。

2) 煤体搬运功

煤体搬运由于最后形成的堆积形状不同,搬运功的计算公式也不尽相同。假设突出煤体只产生水平位移,则搬运功可用下式估算[12]:

$$W_4 = S \cdot m_c\left[g\left(f\cos\bar{\alpha} \pm \sin\bar{\alpha}\right)\right] \tag{7-7}$$

式中,S——煤抛出或移动的距离,m;

m_c——突出抛出煤体质量,kg;

　　g ——重力加速度,取 $9.8\ \mathrm{m/s^2}$;

　　f ——摩擦系数;

　　$\bar{\alpha}$ ——煤层倾角,(°)。

当 $\bar{\alpha}=0°$,即在水平巷道中时,有:

$$W_4 = fSm_c g \tag{7-8}$$

　　上述计算忽略了煤体碰撞等损耗的能量,计算结果偏小。但如果游离瓦斯单纯做功也不足以提供如此多的能量,那么吸附瓦斯参与做功成为必然。

　　3) 瓦斯剩余动能

　　瓦斯在搬运完煤体后,速度会降低至不足以搬运突出煤体的水平,此时的瓦斯流速度并未减为零。事实上,在以往事故调查中出现的大体积瓦斯也是未对突出煤体起搬运效果的低速瓦斯流,这也是突出瓦斯量往往统计值过大的缘故。根据经典力学中动能的表达式可知:

$$W_5 = \frac{1}{2} m_g v_r^2 \tag{7-9}$$

式中, m_g ——参与突出的瓦斯质量,kg;

　　　　v_r ——瓦斯的剩余速度,m/s。

7.1.3　解吸瓦斯参与搬运做功的判据

　　从能量平衡的角度,可以得出解吸瓦斯是否需要参与搬运突出煤体做功的判据。将式(7-6)代入式(7-2)可得出区分吸附瓦斯和游离瓦斯膨胀功的能量平衡公式,即:

$$W_1 = W_a + W_f = W_4 + W_5 \tag{7-10}$$

　　若仅靠游离态瓦斯做功便可完成搬运煤体效果,则可以认为:

$$W_f \geqslant W_4 + W_5 \tag{7-11}$$

　　此时,突出并没有消耗完游离瓦斯的能量。若煤体游离态瓦斯不足以搬运突出煤体,则可以认为:

$$W_f < W_4 + W_5 \tag{7-12}$$

此时,游离瓦斯需要补充解吸瓦斯共同提供搬运煤体的能量,其提供的能量为:

$$W_a = W_4 + W_5 - W_f \tag{7-13}$$

　　根据瓦斯体积与膨胀能的关系,便可以推算出所需补充的瓦斯体积,并计算出固定突出时间下所需的最小解吸速度。结合粒径与煤粒的瓦斯初期解吸速度的关系,便可以近一步得出特定解吸速度下所需的粒径大小,从而获得用于搬运突出煤粒的临界突出粒径。

7.2　煤体搬运终止时刻的临界瓦斯流速构建

7.2.1　气固两相流的基本流态

瓦斯在巷道中的搬运过程可以看作粉煤在管道中的输运过程。气力输送是利用气流的能量,在密闭管道内沿气流方向输送颗粒状物料的过程。气力输送方式一般认为有稀相输送和密相输送两种。目前常用的特征参数主要有:固气比(单位体积气体所运载的粉体质量)、气速、气体(或固体)弗劳德数等。这些参数虽然有一定的定量化价值,但其仅仅是给出了系统某个侧面的特性,并不能真正反映出流体的基本流态。因此,对流态的定量化划分显得略为困难,稀相和密相输送的界限也较为模糊[205-208]。

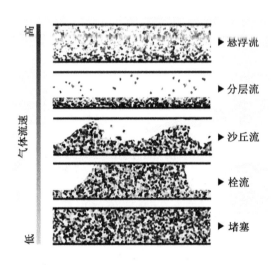

图7-2　随流速降低气固两相流的流态变化

在定性描述方面,目前普遍接受的是Konrad[209]的定义,其认为管道中一个截面或多个截面被输送物料填满即为密相输送,反之为稀相输送。而管道截面被物料填满的过程通常是一个连续变化的过程。对于同一煤气系统,一般随着气速的降低,可分为悬浮流、分层流、沙丘流、栓流、堵塞的流态变化[210],如图7-2所示。当流速很高时,煤粉悬浮在管道中,呈均一状分布在气流中,此时固气比较低;之后气速降低,当气速不足以提供煤粉升力的时候,煤粉开始在管道内聚集,依次形成分层流和沙丘流;此时再降低气速,当煤粉开始堵塞管道界面时,形成料栓,被压力差推动运移,此时的流动即为栓流;最后速度减小至堵塞速度以下,发生堵塞现象。气速降低的过程是稀相至密相输运转变的过程,也是输送能力逐渐加大的过程。相似地,瓦斯在对煤体进行搬运做功时速度会逐渐降低,当降低至不足以提供煤粒升力的临界值,即堵塞速度时,煤体在巷道中将产生堵塞现象。此时低速的瓦斯不再对煤体进行做功,剩余的动能也可由此速度算出。

7.2.2　大尺度粉煤输运堵塞临界气速

关于粉煤在管道输运中的堵塞速度,熊炎军等[211]推导了实验室小尺度下的计算公式。丛星亮等[212,213]指出,此公式对于大尺度工业应用存在相当大的误差,并推导出了适用于大尺度粉煤管道输运的方程,对大规模煤粉输送有着良好的拟合度。

$$v_r = \frac{G}{S_c \rho_b} \tag{7-14}$$

式中，G——煤体的质量流量，kg/s；

S_c——巷道横截面积，m^2；

ρ_b——煤粒的自然堆积密度，kg/m^3。

由此，瓦斯的剩余动能便可以求出：

$$W_5 = \frac{1}{2} m_g v_r^2 = \frac{1}{2} m_g \left(\frac{G}{S_c \rho_b}\right)^2 = \frac{1}{2} V_0 \rho_0 \left(\frac{G}{S_c \rho_b}\right)^2 \tag{7-15}$$

式中，ρ_0——突出完成后瓦斯的密度，kg/m^3。

综上所述，在搬运过程中能量的转换为：

$$\frac{P_0 V_0}{n-1} \left[\left(\frac{P_1}{P_0}\right)^{\frac{n-1}{n}} - 1\right] = f S m_c g + \frac{1}{2} V_0 \rho_0 \left(\frac{G}{S_c \rho_b}\right)^2 \tag{7-16}$$

7.3　快速解吸瓦斯的来源

7.3.1　快速解吸瓦斯的最小需求量

突出煤体中的游离态瓦斯量可由下式得到：

$$V_1^f = \varepsilon V_c = \varepsilon m_c / \rho_c^a \tag{7-17}$$

式中，m_c——突出煤体质量，kg；

ε——煤体孔隙率，%；

V_c——突出煤体的体积，m^3；

ρ_c^a——煤体的假密度，kg/m^3。

将式(7-3)代入式(7-17)，可以得到煤体孔隙内游离瓦斯转化为 1 atm 时的气体体积 V_0^f，即：

$$V_0^f = V_1^f \left(\frac{P_1}{P_0}\right)^{\frac{1}{\gamma_g}} = \frac{\varepsilon m_c}{\rho_c^a} \left(\frac{P_1}{P_0}\right)^{\frac{1}{\gamma_g}} \tag{7-18}$$

故所需补充的极速解吸瓦斯量 V_0^a 为：

$$V_0^a = V_0 - V_0^f \tag{7-19}$$

如果 $V_0^a < 0$，则不需要补充解吸瓦斯，游离态瓦斯是搬运突出煤样的唯一能量来源；如果 $V_0^a > 0$，则需要补充 $V_0 - V_0^f$ 大小的瓦斯量，此时在突出时间 t_0 内所需的平均解吸速度为：

$$\bar{v}_a = \frac{V_0^a}{m_c t_0} = \frac{V_0}{m_c t_0} - \frac{\varepsilon}{\rho_c^a t_0} \left(\frac{P_1}{P_0}\right)^{\frac{1}{\gamma_g}} \tag{7-20}$$

式中　$\bar{v}_a$——搬运突出煤粉所需的最小解吸速度，mL/(g·s)。

7.3.2　搬运突出煤粉的临界突出粒径

突出过程中完成煤体抛出并终止的时间因突出规模大小而异，在几秒到几分钟之间变化[3]。在事故调查过程中，往往认为突出的时间为浓度降为突出前安全浓度时所持续的时间，由此定义的时间并不是真正意义上突出有效做功的时间。因此，突出中解吸扩散的有效时间也在几秒到几分钟之间。根据第6章中短时间内解吸扩散分数与时间的关系可知：

$$Q_t = \frac{6Q_\infty}{\sqrt{\pi}} \sqrt{\frac{D_\infty t + \frac{2M}{N} e^{N\sqrt{t}} \cdot \sqrt{t} - \frac{2M}{N^2} e^{N\sqrt{t}} + C}{a_P^2}} \tag{7-21}$$

而经历过时间 t 后，瓦斯解吸的平均速度为：

$$\bar{v}_t = \frac{Q_t}{t} = \frac{6Q_\infty}{r} \sqrt{\frac{D_\infty t + \frac{2M}{N} e^{N\sqrt{t}} \cdot \sqrt{t} - \frac{2M}{N^2} e^{N\sqrt{t}} + C}{a_P^2 t}} \tag{7-22}$$

在均质球体的假设前提下，极限解吸量与扩散系数可假设为不随粒径变化的常数。则在极限粒径范围以下，解吸的平均速度与粒径大小成反比例关系：

$$\frac{\bar{v}_1}{\bar{v}_2} = \frac{r_2}{r_1} \tag{7-23}$$

式中，r_1，r_2——破碎前和破碎后的粒径，mm；

$\bar{v}_1$，$\bar{v}_2$——相应的破碎前和破碎后的平均解吸速度，mL/(g·s)。

式(7-23)中的半径之比又可以看作是球状煤粒体积与表面积的比值：

$$S' = n_P \cdot S_2 = \frac{V_{total}}{V_2} \cdot S_2 = \frac{V_{total}}{4/3 \pi r_2^3} \cdot 4\pi a_P^2 = \frac{3V_{total}}{r_2} = \frac{6V_{total}}{d_2} \tag{7-24}$$

式中，S'——破碎后煤粒的总表面积，m²；

n_P——破碎后煤粒的个数；

S_2，V_2，d_2——破碎后单个煤粒的表面积、体积和直径，m²，m³，m；

V_{total}——煤粒的总体积，m³。

从这个角度来讲，破碎增大了煤体的外表面积，而没有破坏煤体的体积，这使得瓦斯由煤粒内部到表面的路径缩短了，同时又增大了瓦斯涌出的总断面积，瓦斯涌出的速度极速增大。

事实上，煤粒的不均匀性影响了式(7-23)的准确性。渡边伊温[69]、杨其銮[67]在测试煤粒粒径与初始解吸速度关系时，认为在极限粒度范围内满足：

$$\frac{\bar{v}_1}{\bar{v}_2} = \left(\frac{d_2}{d_1}\right)^{\delta} \tag{7-25}$$

式中　δ——粒度特征系数,与吸附平衡压力无关。

对式(7-25)进行求导可得:

$$\ln \bar{v}_1 - \ln \bar{v}_2 = \delta(\ln d_2 - \ln d_1) \tag{7-26}$$

所以,δ 为是以 $\ln \bar{v}$ 和 $\ln d$ 为坐标所作二维直线的斜率。依据第2章中第一分钟解吸速度与粒径的关系,可得出柳塔、双柳和大宁三种煤样的粒度特征系数平均值分别为 0.27、0.81 和 0.25。

7.4　中梁山突出实验中搬运突出煤粉的临界突出粒径估算

7.4.1　中梁山突出实验概况

中梁山突出实验[154,156]于1977年11月4日在中梁山煤矿进行,是我国仅存的包含相对完整数据的现场突出实验,之后由于防突的政策性要求,井下突出实验已不能进行,其记录的突出数据有很大的科研价值。此次突出强度为 817 t,瓦斯异常涌出量为 38 540 m³(使巷道浓度高于突出前正常范围的瓦斯涌出量,包括突出结束后涌出的大量瓦斯),全过程持续了39 s。这次突出共设立2个压力监测孔(♯1、♯2)、1个流量监测孔(♯3)、1个温度检测孔(♯4),其变化情况如图7-3所示。在突出发生1.5～2 s后♯2孔

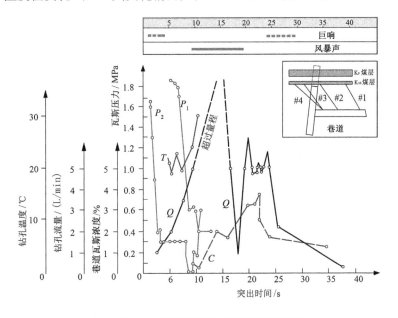

图 7-3　中梁山突出实验各参数变化情况

（距突出自由面 5 m）开始出现压降（P_1），6 s 时♯1 孔（距突出自由面 14 m）开始出现压降（P_2）。从 P_1，P_2 的变化可知，突出时瓦斯潜能的释放是先从距自由面最近点开始，然后向煤体深部扩展，且落后于煤（岩）破裂数秒，最终形成静压头为 0.3～0.6 MPa 的粉煤流。煤中瓦斯能量释放的传播速度很快，跟随并支持着地应力激发突出的速度，此次突出中地应力传播的速度约为 3～4 m/s。证实了地应力先于瓦斯激发突出和瓦斯以承压状态将破碎煤体逐步抛出的过程。

7.4.2 中梁山突出搬运煤粉所需解吸速度

根据中梁山突出实验的实际情况，对计算参数进行收集拟定[155, 214-216]，如表 7-1 所示。中梁山矿区煤层属晚二叠世龙潭组[214]，其煤质种类为主焦煤，其堆积密度取值可参照双柳焦煤的堆积密度取值。

表 7-1 模型计算参数拟定

参数	值	参数	值
突出煤体质量/t	817	突出煤体种类	焦煤
突出瓦斯含量/m³	38 540	孔隙率/%	6
突出持续时间/s	39	巷道截面积/m³	7
突出压强/MPa	1.75	甲烷密度/[0.1 MPa/(kg/m³)]，30 ℃	0.637 5
煤粉堆积密度/(kg/m³)	800	煤的假密度/(kg/m³)	1 300
摩擦系数	0.5	绝热压力/N	1.3

注：瓦斯压力取♯1 和♯2 孔的平均值。

按照上述参数设定，对中梁山突出案例的游离瓦斯膨胀功、煤体搬运功、瓦斯残余动能进行计算。在相关参数已经确定的情况下，式（7-4）和式（7-15）可以改写为：

$$W_1 = \frac{P_0 V_0}{\gamma_g - 1}\left[\left(\frac{P_1}{P_0}\right)^{\frac{\gamma_g - 1}{\gamma_g}} - 1\right] = \bar{\lambda}_1 V_0 \qquad (7-27)$$

$$W_5 = \frac{1}{2} V_0 \rho_0 \left(\frac{G}{A \rho_b}\right)^2 = \bar{\lambda}_2 V_0 \qquad (7-28)$$

式中，$\bar{\lambda}_1$，$\bar{\lambda}_2$——瓦斯膨胀做功系数和残余动能系数。

将表 7-1 中数据代入式（7-7）、式（7-27）和式（7-28），计算各种形式能量的大小，如表 7-2 所示。

表 7-2 突出各项能量计算结果

煤体搬运功/J	游离瓦斯膨胀功		瓦斯残余动能			搬运煤体需补充解吸能/J
	膨胀功/J	膨胀功系数 $\bar{\lambda}_1$	堵塞速度/(m/s)	残余动能/J	残余动能系数 $\bar{\lambda}_2$	
5.84×10⁸	1.06×10⁸	3.12×10⁵	3.74	1 521	4.46	4.78×10⁸

从表7-2可以发现瓦斯膨胀功系数 $\bar{\lambda}_1$ 远远大于残余动能系数 $\bar{\lambda}_2$，所以瓦斯的残余动能在实际估算时可以省去，在搬运过程中可看作瓦斯膨胀能完全转换成了搬运功。而要完成中梁山突出煤体的搬运效果，单纯靠游离瓦斯不足以形成，需要补充 4.78×10^8 J 的瓦斯膨胀能。此膨胀能约是游离瓦斯膨胀能的 4.51 倍，由新解吸的瓦斯提供(图7-4)。根

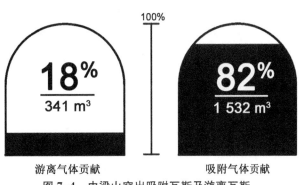

图7-4　中梁山突出吸附瓦斯及游离瓦斯
对煤体搬运的贡献

据式(7-20)可知，中梁山突出所需补充的解吸瓦斯含量为 1 532 m³(0.1 MPa, 30 ℃)，39 s 内所需的平均解吸速度为 0.048 07 mL/(g·s)。上述结果虽能说明一定的问题，也存在着一定的误差，因为年代久远，实验不可重复，某些数据只能取为经验值。但对于说明游离瓦斯需要解吸瓦斯协助做功这一点上，应得到认可。

7.4.3　中梁山突出搬运突出煤粉的临界突出粒径估算

常规粒径瓦斯解吸速度大小的厘定有助于判断极细煤粉(或狂粉)存在的必要性。常规粒径指煤粒解吸实验常用的粒径范围，即 1～3 mm 的煤粒。由第 2 章分析可知，极限粒径可以认为是与煤体基质尺度大小相近的量。而据杨其銮等[67]的研究，极限粒径以下，粒径与第一分钟瓦斯解吸速度的比例关系成立[式(7-25)]；极限粒径以上，则煤样进入裂隙控制阶段，该比例关系不明确。假设 3 mm 作为极限粒径的一般取值，则常规粒径的煤粒基本处于粒径与第一分钟瓦斯解吸速度比例关系明确的区域内。国内外大多数学者通常采用常规粒径煤粒进行不同压力下的瓦斯解吸特性测定，从而获得适用于不同矿区的突出敏感指标体系。实验时常常测得不同解吸平衡压力下的解吸曲线，而解吸压力与第一分钟的解吸量有着如下的拟合关系[217,218]：

$$Q_1 = \bar{M} \cdot P^{\bar{N}} \tag{7-29}$$

式中，$\bar{M}$，$\bar{N}$ ——拟合参数。

表7-3列出了在瓦斯治理研究中心测得的我国 8 个矿区 1～3 mm 煤粒第一分钟解吸速度与平衡压力的关系(实验装置及条件均相同)，据此可推算出 1.75 MPa 下常规煤粒的解吸速度。从表中可以发现，1～3 mm 煤粒的初期瓦斯解吸速度总体在 10^{-3}～10^{-2} mL/(g·s) 范围内，约是中梁山突出中搬运煤体所需解吸速度的十分之一。所以，如果要完成中梁山突出过程中的煤体搬运效果，无论此煤样是何种变质程度，煤粒的平均粒径都应破碎到常规粒径范围以下。

表 7-3　1～3 mm 常规粒径煤粒 1.75 MPa 下初期瓦斯解吸速度及临界突出粒径估算

煤样	煤种	$R_{o, max}$ /%	第一分钟解吸量与压力的关系	1.75 MPa 下第一分钟解吸速度/[mL/(g·s)]	临界突出粒径估算/μm
大隆	长焰煤	0.57	$Q_1 = 0.171\,9P^{0.840\,3}$	0.004 584	0.45
任楼	气肥煤	0.92	$Q_1 = 0.136\,0P^{0.690\,0}$	0.003 333	0.15
双柳*	焦煤	1.20	$Q_1 = 0.161\,08P^{0.373\,43}$	0.003 309	74
屯兰	焦煤	1.87	$Q_1 = 0.147\,39P^{0.690\,98}$	0.003 616	83
金黄庄	1/3 焦煤	—	$Q_1 = 0.215\,7P^{0.543\,6}$	0.004 873	120
白龙山	无烟煤	2.60	$Q_1 = 1.093\,5P^{0.515\,1}$	0.024 31	131
大宁*	无烟煤	2.77	$Q_1 = 1.049\,1P^{0.829\,4}$	0.027 81	224
卧龙湖	无烟煤	2.75	$Q_1 = 0.673\,4P^{0.517\,3}$	0.014 99	19

注：粒度特征系数长焰煤、气肥煤参考柳塔煤样，取 0.27；焦煤及 1/3 焦煤参考双柳煤样，取 0.81；无烟煤参考大宁煤样，取 0.25。"*"指不同于本书中的实验煤样。

　　而根据式(7-25)，依据 1.75 MPa 下常规粒径第一分钟解吸速度，便可推算出突出搬运临界粒径的平均值，如图 7-5 所示。从表 7-3 中可以发现，对于同等变质程度焦煤煤粒粒径需破碎至 100 μm 级别。由于所得粒径为平均值，不可避免会有一定比例的粒径小于 100 μm，使突出蕴含的能量更大，更易失稳。由于客观条件(年代久远致使原始煤样不可收集、突出实验不可重复等因素)的限制，以上计算有诸多假设与简化，如未考虑碰撞、热耗散等能量的损耗，假设搬运前已完成完全破碎，未考虑气固两相流运移时的二次破碎，将煤粒考虑成均质各向同性的物质，未考虑煤体最终堆积形状等因素。但从大致的粒径范围分析上有一定的指导意义。

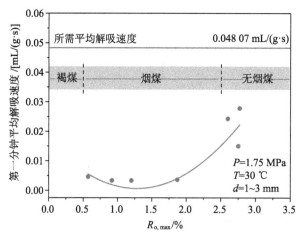

图 7-5　常规粒径煤粒 1.75 MPa 下解吸速度随变质程度变化图

7.4.4 突出现场的粒径分布资料验证

中梁山突出实验本身并没有对突出后煤粉的粒径分布进行过测定,因此仅能通过其他类似实验或事故案例来佐证 $100~\mu m$ 左右粉煤存在的可能。胡千庭[21]对 20 世纪七八十年代中梁山四次突出事故进行过粒径组成分析,如图 7-6 所示。从图中可以发现,中梁山历次突出事故粒径统计结果与本章推算的临界粒径范围大体一致。中梁山突出事故中大部分粒径分布都在 1 mm 以下,四次突出中 0.1 mm 以下粒径分别占 25.4%、4.3%、3.5%和 6.6%,1 mm 以下煤粉分别占 51.4%、34.2%、33.9%和 34.1%。胡千庭对这四次突出粒径分布进行研究,发现其粉煤粒度变化范围相差 10 个数量级,并不符合理想的正态分布。而用 Rosin-Rammler 分布进行拟合,发现其均匀系数远远小于 1,也说明了煤粒分布的不均匀分布性。

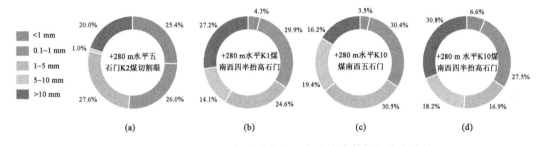

图 7-6　20 世纪七八十年代中梁山四起突出事故粒径分布统计

不可否认,理想化的计算存在一定的误差,但上述珍贵的文献资料从侧面验证了毫米级甚至微米级粉煤存在的必要性。

与中梁山矿区煤层同属龙潭组的贵州马场矿也发生过煤与瓦斯突出事故,且在突出事故调查中发现有大量煤粉存在。图 7-7 为 2013 年 3 月 12 日马场矿突出事故后粉煤堆积照片,从图中可以发现,在输送带及巷道中有大量极细的突出粉煤堆积,且煤堆倾角小于自然安息角,煤粉手捻无粒度感,在轻微的扰动下就可扬起。

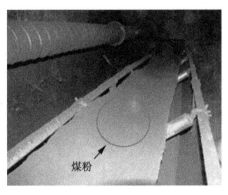

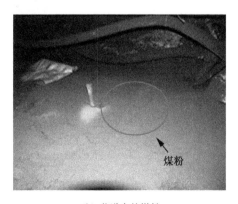

（a）输送带上抛出的煤粉　　　　　　　（b）巷道中的煤粉

图 7-7　马场矿突出煤粉堆积照片

7.5　解吸瓦斯在突出中的作用

综上分析,粉煤快速解吸出的瓦斯在突出中的作用可总结如下(图7-8):

在突出准备和激发阶段,高地应力对煤体完成破碎,煤粒表面积增大,此时解吸速度还保持在与原始解吸速度相近的水平上,未能起到搬运大质量煤体的作用,突出流态呈现以瓦斯流为主的稀相流;待粒径减小到极限粒径时,解吸速度开始快速增大,瓦斯膨胀能迅速增大,达到突出煤体搬运的能量阈值,瓦斯流开始逐步有能力搬运大质量流体,突出流态向密相流转变。在突出发展阶段,高速瓦斯流携带破碎煤体完成抛出做功,形成连续的气固两相流,此时的突出流具有高压力、高能量、高搬运能力的特点。待能量逐渐耗散后,沉积形成倾角小于自然安息角的煤堆。

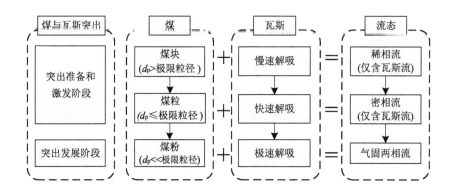

图7-8　瓦斯解吸对突出的作用示意图

7.6　突出易发区的预测

粉煤的极速解吸对突出发动和发展有着重要作用。可以预见在煤矿井下的煤体破碎区,即构造煤赋存区,包括断层、褶曲等构造应力集中的区域,瓦斯容易形成短时间快速解吸,为煤与瓦斯突出提供能量和条件。表7-4和图7-9对世界各国发生的32起突出事故进行了统计,发现发生在特殊地质构造区域的突出案例高达29起,占总起数的91%。其中,中国在特殊地质构造带内发生12起突出事故,占中国突出事故总起数的86%;澳大利亚发生9起,占澳大利亚突出事故总起数的90%;而哈萨克斯坦和土耳其各发生5起和3起,均在特殊地质构造带内发生。

表 7-4　2000 年后世界突出案例不完全统计

国家	矿区	时间	突出煤岩量/t	突出瓦斯量/m³	地质条件
中国	芦岭矿	2002-04-07	8 729	930 000	断层
	红菱矿	2004-08-14	701	66 266	构造发育
	大平矿	2004-10-20	1 894	249 501	断层
	望峰岗矿	2006-01-05	2 831	292 700	未发现异常构造
	马岭山	2006-01-20	339	28 341	构造发育
	大淑村矿	2007-04-29	1 270	93 000	断层
	新兴煤矿	2009-11-21	3 845	166 300	断层
	平禹四矿	2010-10-16	2 547	150 000	构造发育
	九里山矿	2011-10-27	3 246	291 000	断层
	响水煤矿	2012-11-24	490	45 000	单斜构造，断层
	金佳煤矿	2013-01-18	3 060	1 380 000	未发现异常构造
	马场煤矿	2013-03-12	2 051	352 000	断层、褶曲
	白龙山煤矿	2013-09-01	868	84 130	断层
	阳煤五矿	2014-05-14	325	11 354	构造发育
哈萨克斯坦	Tentekskaya	2008-06-02	1 087	411 085	断层
	Tentekskaya	2009-06-28	1 000	73 000	断层
	Kuzembaeva	2010-06-23	938	15 386	断层
	Kuzembaeva	2011-08-20	345	16 856	断层
	Kazakstanskaya	2012-04-20	429	29 524	断层
土耳其	Kozlu	2004-02-26	620	16 000	糜棱岩富集
	Karadon-Kilimli	2005-06-16	1 500	45 000	断层
	Karadon-Gelik	2011-03-31	1 500	45 000	断层
澳大利亚	无记录	2001-07-01	80～90	无记录	断层
	无记录	2009-05-27	150	1 100	断层
	无记录	2009-07-06	12	365	断层
	无记录	2009-07-07	50	550	断层
	无记录	2011-08-06	无记录	23	火成岩岩脉
	无记录	2011-10-12	无记录	37	火成岩岩脉
	无记录	2012-04-20	无记录	42.2	断层
	无记录	2012-05-04	无记录	无记录	断层
	无记录	2012-05-15	无记录	690	未发现异常构造
	无记录	2012-12-17	无记录	无记录	构造发育

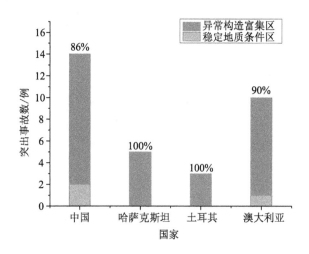

图 7-9　2000 年后各国煤矿构造带突出案例不完全统计

7.7　本章小结

本章基于一定假设和简化,运用粉体输运学、解吸动力学和能量守恒定律等理论,分析并明确了粉煤极速解吸瓦斯在突出发展过程中的作用,主要结论如下:

1)完成突出煤体搬运需要大量解吸瓦斯参与,短时间内大量吸附瓦斯解吸是突出得以持续发展的必要条件。突出准备和激发阶段,高地应力对煤体完成破碎,煤粒表面积急剧增大;待粒径减小到极限粒径时,解吸速度开始快速增大,瓦斯膨胀能迅速增大,达到突出煤体搬运的能量阈值。突出发展阶段,高速瓦斯流携带破碎煤体完成抛出做功,形成连续的气固两相流。待能量逐渐耗散后,沉积形成倾角小于自然安息角的煤堆。

2)突出准备和激发阶段突出煤体完成了基本的破碎,地应力是其主要贡献者。而在突出发展阶段,煤体的搬运效果主要依靠突出瓦斯的膨胀能完成。在突出事故统计中,绝大部分统计瓦斯是对搬运突出煤体无效的低速瓦斯。当瓦斯流速不足以搬运突出煤粉时,其临界速度可类比粉煤输运的堵塞流速进行计算。

3)粒径对煤粒解吸速度影响巨大,极限粒径以下,煤粒瓦斯解吸速度和粒径成比例关系,该比例关系与吸附平衡压力无关。对于柳塔、双柳和大宁三种煤样,粒度特征系数平均值分别为 0.27、0.81 和 0.25。而常规粒径煤粒的初期瓦斯解吸速度在 $10^{-3} \sim 10^{-2}$ mL/(g·s) 范围内。对于中梁山突出,其搬运煤粉所需的解吸速度是该范围的 10 倍左右,煤粒需破碎至 100 μm 级甚至更小的粒径,才能提供突出煤体搬运的能量。

4)断层、褶曲等构造应力集中的区域由于煤体破碎是煤与瓦斯突出易发区。2000 年之后世界范围内发生的 32 起突出事故统计显示,发生在特殊地质构造区域的突出案例高达 29 起,占总起数的 91%。

8　煤与瓦斯突出气固两相栓流输运的猜想

第 7 章对粉化煤体快速解吸瓦斯在突出发展过程中的作用进行了定量分析。在能量平衡的基本假设前提下,对突出气固两相流流态进行了简要讨论,认为瓦斯流速降低至不足以提供煤粒升力的临界值(即堵塞速度)时,煤体在巷道中将产生堵塞现象。而此临界值常常产生于栓流向堵塞过渡阶段,因此突出栓流输运存在的合理性值得进一步探究。本章根据前人提出的球壳失稳理论、层裂理论及粉煤气力输运的相关理论,对煤与瓦斯突出气固两相流栓流输运的合理性进行分析探讨,并结合已有论文中的突出实验结果及中梁山煤矿和新兴煤矿现场突出的监测数据,对突出喷射物的流速、粉煤分布及音爆现象进行对比考证,解释栓流输运条件下形成波浪式粉煤分布及阶段性突破音爆的可能性,从而验证突出气固两相流栓流存在的合理性。

8.1　栓流形成的条件

关于煤与瓦斯突出气固两相流流态,目前的研究较少,已发表的多数研究认为其符合爆炸的传播模型,认为突出的强破坏力主要来源于物理爆炸产生的冲击波[219, 220]。孙东临等[154]则认为在突出过程中气固两相流的最大速度为临界状态下该两相流的声速,并指出突出过程中产生的闷炮声是由于流速到达声速产生壅塞现象而产生的。上述分析均立足于突出破坏强度大、影响范围广的效果,从而先入为主地认为气固两相的速度是极大的。而在分析突出物运移机制时又简单地把突出看成一次受力的抛射模型,认为突出流在抛出突出口时即获得巨大的动能,忽略了瓦斯在突出过程中对煤体持续推动的特点。事实上,大质量突出煤体即使在很小的速度下也能依靠持续的高瓦斯压力完成输运。此外,以往研究均是对气固两相流的传播机理单独进行分析,并没有结合突出的发生机制进行探讨,忽略了突出煤体剥离煤层的过程及高固气比输运的特性。因此,结合突出发生机制厘清突出煤与瓦斯气固两相流的流态有着重要的科研价值。

根据粉煤气力管道输运的经验,要完成高固气比的物料输送,必须降低气流的速度。栓流气力输送是区别于稀相气力输送的密相输送,其具有高输送质量、低输送速度的特性。在理想的栓流输送中,需要在管道中形成一定长度的料栓,并以一定的间隔移动。人工栓流输送粉料时,栓体常常需要特定的人工气刀装置加以切割形成,如图 8-1 所示,人工气刀能大大提高物料输运的效率和能力。物料在流出发送罐后,被人工气刀间歇性切割形成料栓,利用气刀的高压力缓慢推送高密度的粉状料栓,形成栓流输运[221]。因此,间断的气刀、较高的输送压力以及持续浓密的物料输送是栓流形成的必要条件。煤与瓦斯突出气固两相流如果想要实现栓流的输运特性,也必须满足以上三个条件。

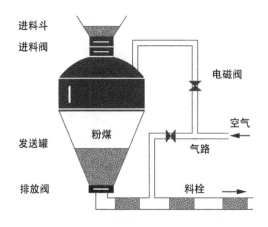

图 8-1　典型料栓成型装置

8.2　突出的物理气刀

霍多特将瓦斯突出现象描述为瓦斯抛射破碎煤粉的过程,并得到了 Guan 和 Wang 等的实验验证[115, 149, 150]。他们认为突出煤体的破碎速度应大于煤裂隙中瓦斯压力的下降速度。煤层应力状态的突然改变及煤潜能的突然释放使煤高速破碎,高速破碎的效果扩大了瓦斯压力作用的面积,同时增大了煤解吸瓦斯的速度,形成气垫层推射出破碎松散的煤体。蒋承林和俞启香[133, 134]在气力抛射煤粉理论基础上发展形成了球壳失稳理论,认为在突出煤体后方形成了与突出暴露面近乎平行的球壳状裂隙,瓦斯在此裂缝中聚集,并形成一定的压力梯度,最后抛射出暴露面煤体,如图 8-2 所示。

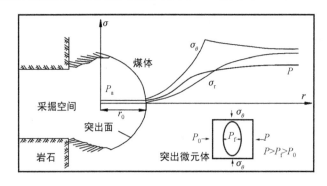

图 8-2　球壳理论示意图[133, 134]

突出球壳厚度、弧度及内径与突出面前后的压力差关系为：

$$P - P_0 \geqslant \frac{3Et_h^2\left[1 - 0.008\,75(\theta - 20)\right]}{10R_a^2}\left(1 - 0.000\,175\,\frac{R_a}{t_h}\right) \tag{8-1}$$

式中，P 和 P_0——裂隙中瓦斯压力和巷道中的空气压力，MPa；

E——煤的弹性模量，MPa；

t_h——壳状层裂的厚度，m；

θ——壳状层裂的平面弧度，(°)；

R_a——壳状层裂的内径，m。

郭品坤[114]在蒋承林的球壳理论基础上分析了突出的动态发展过程，对突出层裂的发展机制进行了深化。认为突出瓦斯压力梯度在突出煤粒连续剥离后产生连续渐进式的变化。随着突出能量的逐步释放，瓦斯压力梯度逐渐变小，层裂厚度逐渐减小，形成逐步扩大的层状突出裂隙。当煤层瓦斯压力差满足式(8-1)的时候，煤层发生层状剥离，突出煤体被瓦斯流抛出。新暴露的煤体当再次满足上述条件时，被继续剥离抛出，循环形成层状裂隙，如

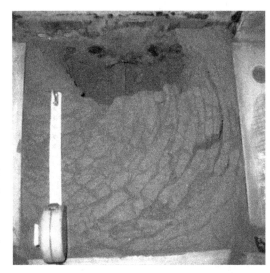

图 8-3　突出层裂图形[114]

图 8-3 所示。这种层裂现象在多次突出模拟实验中均有发现[133,134]。层裂现象的产生说明在突出层之间形成了足够推动层中煤体的瓦斯活塞，活塞形成的压力差满足式(8-1)所示的关系。

从上述对突出发动的力学机制研究中可以发现，突出煤体后方必定存在一定的气垫式的推力。与栓流形成时的人为气刀相似，这种气垫式推力可看作自然形成的物理气刀，对破碎煤体进行了连续切割，为栓流形成创造了条件。

8.3　突出的气体压力

瓦斯压力是煤与瓦斯突出的重要能量来源，多数国家将瓦斯压力作为煤层突出危险性评判的重要指标。自 20 世纪 70 年代以来，国内外很多学者对煤层发生突出的最小瓦斯压力进行了研究。突出最小瓦斯压力多是在现场实际数据的基础上利用统计学手段获得的。通过研究发现，煤与瓦斯突出的发生不仅与瓦斯压力的大小有关，还与煤的本身属性有关，如煤的坚固性系数、煤的挥发分等。中梁山突出实验中的静压头为 $0.3\sim0.6$ MPa，百米压降约为 $179\sim359$ KPa。而在中国的防突规定中，一般认为 0.74 MPa 为

突出压力的临界点。如以 100 m 为突出距离,对比稀、密相输运的百米压力损失(稀相一般为 10～100 kPa,密相一般为 50～600 kPa),可以发现 0.74 MPa 大大高于稀相输运所需的压力,但接近于密相输运的百米压力损失。

8.4　突出气固两相流的流速与固气比

关于突出气固两相流的流速与固气比目前仍未有统计资料,故需按照现场事故案例进行近似计算,计算的基本假设与方法如下所述。

8.4.1　基本假设

可将突出气固两相流过程在巷道中的运移过程理想化为粉煤的管道输运过程,如图 8-4 所示。在这个过程中满足以下简化条件:

Ⅰ. 破碎和搬运是在时间轴上两个互不交叉、依次发生的独立过程。破碎完全由地应力控制,煤体搬运完全由瓦斯膨胀控制。在煤体抛出前已完成破碎,抛出过程中不考虑地应力作用。

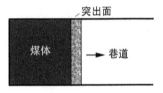

图 8-4　突出模型简化图

Ⅱ. 突出过程中的其他能量损耗诸如突出瓦斯剩余动能、热能损失、声能等忽略不计。

Ⅲ. 巷道为无倾角的水平巷道。

Ⅳ. 突出气固两相流在运移过程中密度不变。

Ⅴ. 突出气固两相流中煤粉与瓦斯气体速度一致。

8.4.2　能量守恒法

鉴于瓦斯突出的复杂与多变性,从能量角度对突出进行描述更为可行。根据第 7 章能量平衡的基本公式,由假设可知在突出气固两相流运移过程中发生的能量转换为:

$$W = W_1 = W_4 \tag{8-2}$$

式中,W ——突出气固两相流所获得的总能量,MJ;

　　　W_1 ——瓦斯膨胀能,MJ;

　　　W_4 ——搬运功,MJ。

水平管道粉煤输运能量可用下式估算[209, 213]:

$$W = \Delta P \bar{v} A \times \frac{m_c}{G} \tag{8-3}$$

式中,ΔP ——粉煤输送流全程的压降,MPa;

　　　$\bar{v}$ ——平均输运气速,m/s;

A ——巷道截面积，m^2；

m_c ——抛出煤体质量，kg；

G ——粉煤流量，kg/s。

煤体搬运功可用式(7-8)进行计算,结合式(8-2)与式(8-3),在流动压头及终止状态各参数已知的情况下,可得气固两相流的平均速度:

$$\bar{v} = \frac{\mu L g G}{\Delta P A} \tag{8-4}$$

8.4.3 质量守恒法

突出气固两相流在突出发动及发展过程中满足质量守恒:

$$\Delta m_c v_c + \Delta m_g v_g = \Delta m_{g\text{-}c} v_{g\text{-}c} \tag{8-5}$$

式中, Δm_c、Δm_g 与 $\Delta m_{g\text{-}c}$ ——突出面某一微元的破碎煤体质量和参与的气体质量,以及形成突出气固两相流的流体微元质量,kg；

v_c、v_g 与 $v_{g\text{-}c}$ ——相应的煤体破碎速度和气体速度,以及形成突出气固两相流的流体速度,m/s。

由于瓦斯气体质量较小,所以可忽略气体相,则式(8-5)可变为:

$$\rho_c v_c = \rho_{g\text{-}c} v_{g\text{-}c} \tag{8-6}$$

式中, ρ_c ——煤体在抛出前的假密度,kg/m^3；

$\rho_{g\text{-}c}$ ——煤体在气固两相流中的密度,在巷道堆积满煤粉的状况下,通常为煤体的自然堆积密度,kg/m^3。

如测得气固两相流源头的煤体破碎面的流体速度,则可估算出突出流体的大致速度:

$$v_{g\text{-}c} = \frac{\rho_c v_c}{\rho_{g\text{-}c}} \tag{8-7}$$

8.4.4 气固两相流的固气比的计算结果

突出事故调查中,通常将瓦斯浓度从突出前开始变化到突出后回复到原始水平的时间段内所涌出的瓦斯量称为突出瓦斯量。这个浓度变化时间通常持续数小时至数十天不等,与实际突出发生时间数十秒的差距过大[3]。统计的瓦斯涌出量绝大多数来自突出煤体周围的裂隙中未对突出做功的低速解吸瓦斯。因此,实际发生的突出气固两相流应是固气比较高的密相输运过程。

将式(8-2)和式(8-4)代入瓦斯膨胀能计算公式(7-3)中,则可得实际参与搬运煤体的瓦斯量与煤体质量的固气比:

$$\frac{m}{V_0} = \frac{P_0}{(n-1)fgL}\left[\left(\frac{P_1}{P_0}\right)^{\frac{n-1}{n}} - 1\right] \tag{8-8}$$

对突出气固两相流的流速与固气比进行计算时,可参照第7章中梁山实测突出实验数据。根据突出的实际情况,对计算参数进行收集设定[21, 112, 155],如表8-1所示。

表8-1　固气比计算参数

参数	值	参数	值
突出质量/t	817	气体涌出量/m³	38 540
突出时间/s	39	突出距离/m	167
环境压力/MPa	0.1	巷道截面积/m²	7
初始压力/MPa	1.75	压头/MPa	0.3~0.6
粉煤表观密度/(kg/m³)	700	瓦斯密度/[0.1 MPa/(kg·m³)],30 ℃	0.637 5
煤假密度/(kg/m³)	1 300	摩擦系数	0.5
绝热系数/n	1.3	破碎速度/(m·s)	3~4

注意:初始压力假设为 ♯1孔与 ♯2孔的平均值。

利用能量守恒法和质量守恒法对突出气固两相流的流速和固气比进行计算,结果如表8-2所示。从表中可以看出,突出气固两相流速度最大值为 12.2 m/s,固气比为 382 kg/m³,属于低速超浓密相输运。这样的输运条件很符合栓流输运的特点。

表8-2　固气比计算结果

能量守恒法					
ΔP/MPa	0.2~0.5	输运能量/J	6.67×10^8	瓦斯量/m³	2 140
固气比/(kg/m³)	382	平均流速/(m/s)	4.9~12.2		
质量守恒法					
破碎速度/(m/s)	3~4	平均流速/(m/s)	6.3~8.4		

从中梁山突出实验的计算结果可以发现实际的突出流速是 10 m/s 左右,为低速流体,固气比接近 400 kg/m³。低速高固气比的特性大大增强了突出煤体输运的能力。Wang 等[4, 115]利用自研仪器测定了圆柱形压制型煤吸附 CO_2 后喷射的过程及特性(装置如图 8-5 所示)。实验虽在一定程度上简化了突出的过程,但仍有一定的指导意义。从图中可以看出,气体速度如果要达到声速来产生壅塞现象是需要极大压力的,而通常瓦斯压力下的突出射流是速度不高的、高密度的气固两相流,此结果也间接证明了栓流存在的可能性。

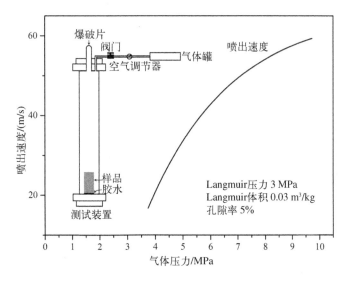

图 8-5　CO_2 喷射速度随压力变化图[4]

8.5　突出炮响产生的原因

在中梁山突出实验中,在突出的激发和发展过程中,伴有接近于放炮声响能量的冲击声产生。孙东玲等[154]认为这是由于速度达到音速,发生流动壅塞,造成突出短暂停滞,后降速再次喷出形成炮响。此种解释虽然有一定的合理性,但事实上壅塞并不是堵塞,壅塞是速度不再随下游条件变化而变化的流动。此外,临近状态的流动需使两相流达到音速的级别,且需要特定的孔口形状才能形成。而从栓流的流动特点来看,它其实是接近于堵塞的一种流态。我们注意到,在工业生产中常常因为操作失误使管道堵塞,时有"放炮"现象产生。这种放炮是高气压使堵塞复通的正常声响,与突出发生过程的声响记录有着一定的相似性。

使栓流堵塞状态疏通的压力称为栓流的临界压降,Yang 和 Xie[221]认为临界压力与栓塞长度符合:

$$\Delta p_i = \left(\sin \alpha + \frac{8}{3\pi}\mu\cos \alpha\right)\rho_{\mathrm{b}}g l_i \tag{8-9}$$

式中,Δp_i 和 l_i——单个栓体的压降和长度,MPa 和 m;

ρ_{b}——粉体的堆积密度,kg/m^3。

将表 8-1 中参数代入上式,可以得出推动全部突出煤体所需的临界压降应为0.49 MPa,与实际的静压头 0.3～0.6 MPa 相近,印证了突出栓流存在的可能。

8.6　突出喷出物的分布特征

郭品坤[114]利用自主设计的三轴煤与瓦斯突出实验系统，对型煤煤样进行了突出物理模拟测试。实验先筛选了 20 kg 小于 0.25 mm 的煤粉，在腔体中压制成 25 cm×25 cm×31 cm 的型煤。然后加以不同的 CO_2 压力和应力，长时间平衡。最后打开突出口，实现突出物理模拟，如图 8-6 所示。

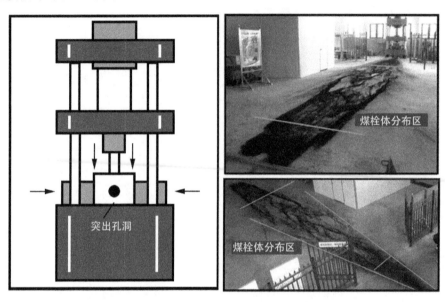

图 8-6　三轴瓦斯突出物理模拟[114]

从突出模拟的现场照片来看，突出煤粉在地面上存在明显的波浪式分布区，存在波状的质量密集区和疏松区。郭品坤对突出煤粉沿喷出方向的质量分布特征进行了总结归纳：在各距离段，抛出煤体质量满足图 8-7 所示的变化规律。图中出现了数个凸起，表明在某一段距离内存在一定的质量聚集状况，这种分布恰巧与栓料在管道中崩溃时产生的分布相似。

在理想情况下，不考虑空气阻力，那么抛射出的煤粉在地面上的分布是由抛射初速度决定的。由平抛运动的理论可知：

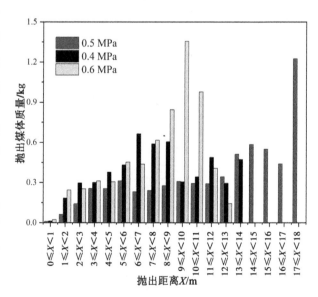

图 8-7　突出煤粒质量沿突出方向的质量分布特征[114]

$$h = \frac{1}{2}gt^2 \tag{8-10}$$

$$S = v_0 t \tag{8-11}$$

式中，h ——突出洞孔高度，m；

      g ——重力加速度，m^2/s；

      t ——抛出物飞行时间，s；

      S ——抛射距离，m；

      v_0——抛射初速度，m/s。

而在破碎时，由于破碎速度大于瓦斯压力的下降速度，所以在抛出瞬间，可假设抛出压力不变。根据动量守恒，突出面所获得的速度可由下式确定：

$$P\Delta t = \Delta m \cdot v_0 \tag{8-12}$$

式中，Δt ——瓦斯压力作用于突出面的时间，s；

      Δm ——突出面质量，kg。

所以某一突出面所抛出的距离为：

$$S = \frac{P\Delta t}{\Delta m}\sqrt{\frac{2h}{g}} \tag{8-13}$$

理想状态下，如果煤体获得的初速度一致，单次抛出会形成固定的分布带或特定的质量密集带，在多次抛出后会形成近乎波浪式的分布效果，如图8-8所示。我们注意到当给予不同气体压力时，凸起的位置和凸起的次数不同。压力越高，凸起次数越少，这是因为在小尺度的实验条件下，高压力很难形成连续抛出的效果。随着初始气体压力 P 的增大，使得突出壳体厚度 t_h 的增加，突出面质量 Δm 增大，而实验煤样有限，抛出次数必然会减少。抛出质量分布的差异由单次抛出质量多的抛射决定。

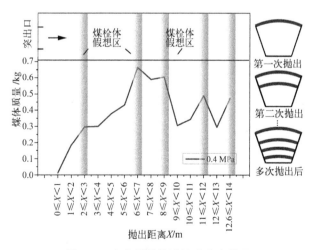

图8-8 突出煤粉的波浪式分布效果

在实际突出时,由于巷道倾角、突出孔洞以及突出规模的关系,很难保证突出物能够水平抛出,大部分突出物在巷道中呈梯形堆积。突出物近突出孔洞侧近乎塞满巷道,远离孔洞侧则呈小于自然安息角的斜面分布。但也存在少部分突出,其突出煤岩体符合波状分布特征。如图8-9所示,2009年11月21日发生在黑龙江鹤岗新兴煤矿的瓦斯突出事故,突出煤岩共计3 845 t,瓦斯喷出量$1.66×10^5$ m³。从图中瓦斯突出煤岩的分布可以看出,有明显的波动性,且在小粒径的煤粉区域更加明显。这是因为小粒径煤粒更容易形成气固两相流的输运特性,而大块煤岩对输运的连续性造成了阻隔。

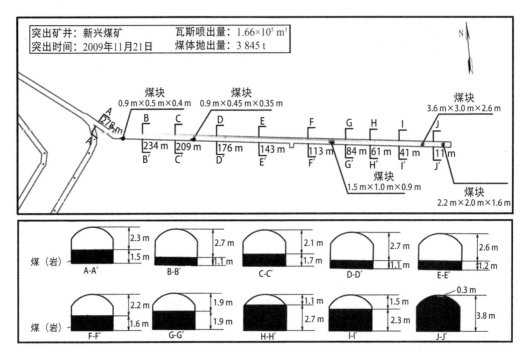

图8-9　新兴煤矿突出煤岩分布图

8.7　突出栓流输运的数值模拟验证

结合中梁山突出实验,采用数值模拟方法对栓流输运形态进行验证。实验模拟边界瓦斯喷出速度为10 m/s,煤体抛出速度为3.5 m/s。模型长20 m,宽2.5 m,左边界为速度边界,右边界为0.1 MPa的压力边界。为实现气刀切割的过程,将左边界设置为动态边界,边界间歇式右移。移动时,边界右移速度大于煤体抛出的速度,此时只有气体涌出边界,形成气刀;停滞时,固相开始涌出边界,形成栓体。图8-10分别给出了第一、二、三次气刀产生时煤体体积的界面分布图。从突出可以发现明显的栓流输运特征,有明显的栓体形成。

当后方气体达到一定压力时,由于重力作用栓体上部密度较低,气体首先在栓体上部形成气道。待突破栓体后,形成的高压气流会对后方煤体形成吹扫效果,同时栓体向前倾覆,在水平方向上形成与前文中描述相似的波浪状效果。单个栓体破坏崩塌的过程如图 8-11 所示。

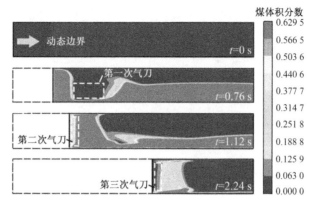

图 8-10   突出栓流输运形态

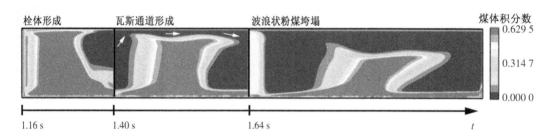

图 8-11   波状分布形成模拟

8.8   本章小结

煤与瓦斯突出气固两相流以栓流输运的可能性是极高的，如图 8-12 所示。

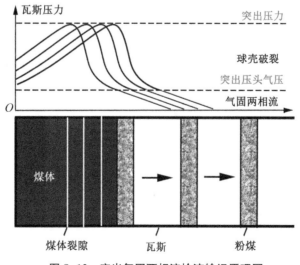

图 8-12   突出气固两相流栓流输运原理图

1）从栓流的形成条件来看,突出气固两相流具备形成栓流的高压力、高固气比条件。在突出发展过程中,瓦斯梯度随暴露面的逐渐推移形成往复式的、逐渐向煤体内部发展的天然高压气刀,对突出煤体进行了切割抛射。

2）从栓流输运的速度特性来看,突出气固两相流应是实际速度为 10 m/s 左右的低速流,与栓流流速相仿。突出对巷道的破坏主要体现在高质量导致的高动能上。

3）从栓流停滞后煤粉的分布特征来看,物理模拟及实际事故中均存在波浪状重叠分布的突出煤粉,符合栓流特征。

4）从突出发展过程中的音爆形成机制来看,栓流堵塞并借助高压导通的解释是合理的。

参考文献

［1］程远平.煤矿瓦斯防治理论与工程应用[M].徐州：中国矿业大学出版社，2010.

［2］俞启香，程远平.矿井瓦斯防治[M].徐州：中国矿业大学出版社，2012.

［3］LAMA R D，BODZIONY J. Management of outburst in underground coal mines [J]. International Journal of Coal Geology，1998,35(1-4)：83-115.

［4］WANG S G. Gas transport，sorption，and mechanical response of fractured coal [D]. State College：The Pennsylvania State University，2012.

［5］BEAMISH B B，CROSDALE P J. Instantaneous outbursts in underground coal mines：An overview and association with coal type[J]. International Journal of Coal Geology,1998,35(1-4)：27-55.

［6］程远平，付建华，俞启香.中国煤矿瓦斯抽采技术的发展[J].采矿与安全工程学报，2009,26(2)：127-139.

［7］程远平，刘洪永，赵伟.我国煤与瓦斯突出事故现状及防治对策[J].煤炭科学技术，2014,42(6)：15-18.

［8］WANG L，CHENG Y P，LIU H Y. An analysis of fatal gas accidents in Chinese coal mines[J]. Safety Science，2014,62：107-113.

［9］国家安监总局事故调查专家组.马场煤矿"3·12"重大煤与瓦斯突出事故直接原因分析报告[R].国家安全生产监督管理总局，2013.

［10］国家安监总局事故调查专家组.白龙山煤矿"9·01"较大煤与瓦斯突出事故直接原因分析报告[R].国家安全生产监督管理总局，2013.

［11］国家安监总局事故调查专家组.阳煤五矿"5·13"较大煤与瓦斯突出事故直接原因分析报告[R].国家安全生产监督管理总局，2014.

［12］霍多特 B B.煤与瓦斯突出[M].宋士钊，王佑安，译.北京：中国工业出版社，1966.

［13］琚宜文.构造煤结构演化与储层物性特征及其作用机理[D].徐州：中国矿业大学，2003.

［14］于兴河.油气储层地质学基础[M].北京：石油工业出版社，2009.

［15］SCHWEINAR K，BUSCH A，BERTIER P，et al. Pore space characteristics of Opalinus Clay-Insights from small angle and ultra-small angle neutron scattering experiments：Geomechanical and Petrophysical Properties of Mudrocks[C]. 13th

SWISS GEO SGENCE MEETING，2015.

[16] 孟磊.含瓦斯煤体损伤破坏特征及瓦斯运移规律研究[D].北京：中国矿业大学（北京），2013.

[17] 于不凡.煤和瓦斯突出机理[M].北京：煤炭工业出版社，1978.

[18] 丰建荣.煤和矸石井下破碎分选理论及实验研究[D].太原：太原理工大学，2006.

[19] MACÍAS-GARCÍA A，CUERDA-CORREA E M，DÍAZ-DÍEZ M A. Application of the Rosin-Rammler and Gates-Gaudin-Schuhmann models to the particle size distribution analysis of agglomerated cork[J]. Materials Characterization，2004，52(2)：159-164.

[20] 郑钢镖，康天合，柴肇云，等.运用 Rosin-Rammler 分布函数研究煤尘粒径分布规律[J].太原理工大学学报，2006，37(3)：317-319.

[21] 胡千庭.煤与瓦斯突出的力学作用机理及应用研究[D].北京：中国矿业大学（北京），2007.

[22] 王佑安，杨思敬.煤和瓦斯突出危险煤层的某些特征[J].煤矿安全，1980，11(1)：3-9.

[23] NANDI S P，WALKER J P L. Activated diffusion of methane from coals at elevated pressures[J]. Fuel，1975，54(2)：81-86.

[24] GUO J Q，KANG T H，KANG J T，et al. Effect of the lump size on methane desorption from anthracite[J]. Journal of Natural Gas Science and Engineering，2014，20：337-346.

[25] 司书芳，王向军.煤的粒径对肥煤和气煤孔隙结构的影响[J].煤矿安全，2011，43(12)：26-29.

[26] 姜海纳.突出煤粉孔隙损伤演化机制及其对瓦斯吸附解吸动力学特性的影响[D].徐州：中国矿业大学，2015.

[27] BUSCH A，GENSTERBLUM Y，KROOSS B M，et al. Methane and carbon dioxide adsorption-diffusion experiments on coal：Upscaling and modeling[J]. International Journal of Coal Geology，2004，60(2)：151-168.

[28] BUSCH A，GENSTERBLUM Y. CBM and CO_2-ECBM related sorption processes in coal：A review[J]. International Journal of Coal Geology，2011，87(2)：49-71.

[29] KARACAN C Ö，MITCHELL G D. Behavior and effect of different coal microlithotypes during gas transport for carbon dioxide sequestration into coal seams[J]. International Journal of Coal Geology，2003，53(4)：201-217.

[30] CLOKE M，LESTER E，BELGHAZI A. Characterisation of the properties of size fractions from ten world coals and their chars produced in a drop-tube furnace[J]. Fuel，2002，81(5)：699-708.

［31］屈争辉.构造煤结构及其对瓦斯特性的控制机理研究［J］.煤炭学报，2011（3）：533-534.

［32］李明，姜波，兰凤娟，等.黔西—滇东地区不同变形程度煤的孔隙结构及其构造控制效应［J］.高校地质学报，2012,18（3）：533-538.

［33］姜波，秦勇，琚宜文，等.构造煤化学结构演化与瓦斯特性耦合机理［J］.地学前缘，2009,16（2）：262-271.

［34］宋晓夏，唐跃刚，李伟，等.基于显微CT的构造煤渗流孔精细表征［J］.煤炭学报，2013,38（3）：435-440.

［35］李伟，要惠芳，刘鸿福，等.基于显微CT的不同煤体结构煤三维孔隙精细表征［J］.煤炭学报，2014,39（6）：1127-1132.

［36］JU Y W, LI X S. New research progress on the ultrastructure of tectonically deformed coals［J］. Progress in Natural Science，2009,19（11）：1455-1466.

［37］HOWER J C. Observations on the role of the Bernice coal field（Sullivan County，Pennsylvania）anthracites in the development of coalification theories in the Appalachians［J］. International Journal of Coal Geology，1997,33（96）：95-102.

［38］刘常洪.煤孔结构特征的试验研究［J］.煤矿安全，1993,24（8）：1-5.

［39］薛光武，刘鸿福，要惠芳，等.韩城地区构造煤类型与孔隙特征［J］.煤炭学报，2011,36（11）：1845-1851.

［40］降文萍，宋孝忠，钟玲文.基于低温液氮实验的不同煤体结构煤的孔隙特征及其对瓦斯突出影响［J］.煤炭学报，2011,36（4）：609-614.

［41］张晓辉，要惠芳，李伟.韩城矿区构造煤储层物性差异特征［J］.煤矿安全，2014,45（4）：176-179.

［42］ROUQUEROL F, ROUQUEROL J, SING K S W, et al. Adsorption by powders and porous solids［M］. 2nd ed. Amsterdam：Elsevier，2012.

［43］RUPPEL T C, GREIN C T, BIENSTOCK D. Adsorption of methane on dry coal at elevated pressure［J］. Fuel，1974,53（3）：152-162.

［44］RUCKENSTEIN E, VAIDYANATHAN A S, YOUNGQUIST G R. Sorption by solids with bidisperse pore structures［J］. Chemical Engineering Science，1971,26（9）：1305-1318.

［45］近藤精一，石川达雄，安部郁夫.吸附科学［M］.李国希，译.北京：化学工业出版社，2006.

［46］王兆丰.空气、水和泥浆介质中煤的瓦斯解吸规律与应用研究［D］.徐州：中国矿业大学，2001.

［47］刘彦伟.煤粒瓦斯放散规律、机理与动力学模型研究［D］.焦作：河南理工大学，2011.

[48] CROSDALE P J, MOORE T A, MARES T E. Influence of moisture content and temperature on methane adsorption isotherm analysis for coals from a low-rank, biogenically-sourced gas reservoir[J]. International Journal of Coal Geology, 2008, 76(1/2): 166-174.

[49] LEVY J H, DAY S J, KILLINGLEY J S. Methane capacities of Bowen Basin coals related to coal properties[J]. Fuel, 1997, 76(9): 813-819.

[50] SAKUROVS R, DAY S, WEIR S, et al. Temperature dependence of sorption of gases by coals and charcoals[J]. International Journal of Coal Geology, 2008, 73(3/4): 250-258.

[51] 梁冰.温度对煤的瓦斯吸附性能影响的试验研究[J].黑龙江矿业学院学报,2000,10(1):20-22.

[52] 李志强,段振伟,景国勋.不同温度下煤粒瓦斯扩散特性试验研究与数值模拟[J].中国安全科学学报,2012,22(4):38-42.

[53] 刘彦伟,魏建平,何志刚,等.温度对煤粒瓦斯扩散动态过程的影响规律与机理[J].煤炭学报,2013,38(S1):100-105.

[54] 卢守青,王亮,秦立明.不同变质程度煤的吸附能力与吸附热力学特征分析[J].煤炭科学技术,2014,42(6):130-135.

[55] 张占存,马丕梁.水分对不同煤种瓦斯吸附特性影响的实验研究[J].煤炭学报,2008,33(2):144-147.

[56] 张时音,桑树勋.不同煤级煤层气吸附扩散系数分析[J].中国煤炭地质,2009,21(3):24-27.

[57] 张小东,秦勇,王桑勋.不同煤级煤及其萃余物吸附性能的研究[J].地球化学,2006,35(5):567-574.

[58] 陈向军.外加水分对煤的瓦斯解吸动力学特性影响研究[D].徐州:中国矿业大学,2013.

[59] 陈向军,程远平,王林.外加水分对煤中瓦斯解吸抑制作用试验研究[J].采矿与安全工程学报,2013,30(2):296-301.

[60] 牟俊惠,程远平,刘辉辉.注水煤瓦斯放散特性的研究[J].采矿与安全工程学报,2012,29(5):746-749.

[61] DAN Y, SEIDLE J P, HANSON W B. Gas sorption on coal and measurement of gas content[J]. Hyclrocarbons from coal, 1993(A/80): 203-218.

[62] 张文静,琚宜文,卫明明,等.不同变质变形煤储层吸附/解吸特征及机理研究进展[J].地学前缘,2015,22(2):232-242.

[63] 降文萍.煤阶对煤吸附能力影响的微观机理研究[J].中国煤层气,2009,6(2):19-22.

［64］钟玲文,张新民.煤的吸附能力与其煤化程度和煤岩组成间的关系[J].煤田地质与勘探,1990,18(4):29-35.

［65］ZHAO W, CHENG Y P, JIANG H N, et al. Role of the rapid gas desorption of coal powders in the development stage of outbursts[J]. Journal of Natural Gas Science & Engineering, 2015,28: 491-501.

［66］AN F H, CHENG Y P, WU D M, et al. The effect of small micropores on methane adsorption of coals from Northern China[J]. Adsorption, 2013,19(1): 83-90.

［67］杨其銮.关于煤屑瓦斯放散规律的试验研究[J].煤矿安全,1987,18(2):9-16.

［68］张晓东,桑树勋,秦勇,等.不同粒度的煤样等温吸附研究[J].中国矿业大学学报,2005,34(4):427-432.

［69］渡边伊温.作为煤层瓦斯突出指标的初期瓦斯解吸速度:关于 K_t 值法的考察[J].煤矿安全,1985(5):56-63.

［70］张天军,许鸿杰,李树刚,等.粒径大小对煤吸附甲烷的影响[J].湖南科技大学学报(自然科学版),2009,24(1):9-12.

［71］AIREY E M. Gas emission from broken coal. An experimental and theoretical investigation[J]. International Journal of Rock Mechanics and Mining Sciences & Geomechanics Abstracts, 1968,5(6): 475-494.

［72］BERTARD C, BRUYET B, GUNTHER J. Determination of desorbable gas concentration of coal (direct method)[J]. International Journal of Rock Mechanics & Mining Science & Geomechanics Abstracts, 1970,7(1): 43-65.

［73］SIEMONS N, BUSCH A, BRUINING H, et al. Assessing the kinetics and capacity of gas adsorption in coals by a combined adsorption/ diffusion method [C]//SPE annual technical Conference and exhibition. Onegetro, 2003.

［74］曹垚林,仇海生.碎屑状煤芯瓦斯解吸规律研究[J].中国矿业,2007,16(12):119-123.

［75］BANERJEE B D. Spacing of fissuring network and rate of desorption of methane from coals[J]. Fuel, 1988,67(11): 1584-1586.

［76］GRAY I. Reservoir engineering in coal seams: Part 1—the physical process of gas storage and movement in coal seams[J]. SPE Reservoir Engineering, 1987,2(1): 28-34.

［77］周世宁.瓦斯在煤层中流动的机理[J].煤炭学报,1990,15(1): 15-24.

［78］LIU J S, CHEN Z W, ELSWORTH D, et al. Evaluation of stress-controlled coal swelling processes[J]. International Journal of Coal Geology, 2010, 83 (4): 446-455.

[79] LIU J S, CHEN Z W, ELSWORTH D, et al. Evolution of coal permeability from stress-controlled to displacement-controlled swelling conditions[J]. Fuel, 2011, 90 (10): 2987-2997.

[80] LIU J S, CHEN Z W, ELSWORTH D, et al. Linking gas-sorption induced changes in coal permeability to directional strains through a modulus reduction ratio[J]. International Journal of Coal Geology, 2010, 83(1): 21-30.

[81] LIU J S, CHEN Z W, ELSWORTH D, et al. Interactions of multiple processes during CBM extraction: A critical review [J]. International Journal of Coal Geology, 2011, 87 (3/4): 175-189.

[82] LIU J S, WANG J G, CHEN Z W, et al. Impact of transition from local swelling to macro swelling on the evolution of coal permeability[J]. International Journal of Coal Geology, 2011, 88(1): 31-40.

[83] PILLALAMARRY M, HARPALANI S, LIU S M. Gas diffusion behavior of coal and its impact on production from coalbed methane reservoirs[J]. International Journal of Coal Geology, 2011, 86(4): 342-348.

[84] 吴世跃. 煤层气与煤层耦合运动理论及其应用的研究[D]. 沈阳：东北大学，2006.

[85] 周世宁, 林柏泉. 煤层瓦斯赋存与流动理论[M]. 北京：煤炭工业出版社，1999.

[86] 罗新荣. 煤层瓦斯运移物理模拟与理论分析[J]. 中国矿业大学学报，1991(3)：58-64.

[87] SEIDLE J R, HUITT L G. Experimental measurement of coal matrix shrinkage due to gas desorption and implications for cleat permeability increases[C]//SPE International Oil and Gas Conference and Exhibition in China, 1995: SPE-30010-MS.

[88] PALMER I, MANSOORI J. How permeability depends on stress and pore pressure in coalbeds: A new model[J]. SPE Reservoir Evaluation & Engineering, 1998, 1(6): 539-544.

[89] SHI J Q, DURUCAN S. A model for changes in coalbed permeability during primary and enhanced methane recovery [J]. SPE Reservoir Evaluation & Engineering, 2005, 8(4): 291-299.

[90] CUI X, BUSTIN R M, CHIKATAMARLA L. Adsorption-induced coal swelling and stress: Implications for methane production and acid gas sequestration into coal seams[J]. Arthroscopy the Journal of Arthroscopic & Related Surgery, 2007, 112(B10): 1-8.

[91] ROBERTSON E P, CHRISTIANSEN R L. A permeability model for coal and other fractured, sorptive-elastic media[J]. SPE Journal, 2008, 13(13): 314-324.

[92] CLARKSON C R, PAN Z S, PALMER I, et al. Predicting sorption-induced strain and permeability increase with depletion for CBM reservoirs[J]. SPE Journal, 2008,15(1): 152-159.

[93] ZHANG H B, LIU J S, ELSWORTH D. How sorption-induced matrix deformation affects gas flow in coal seams: A new FE model[J]. Circulation, 2007,116(17): 1866-1870.

[94] LIU H H, RUTQVIST J. A new coal-permeability model: Internal swelling stress and fracture-matrix interaction[J]. Transport in Porous Media, 2009, 82 (1): 157-171.

[95] IZADI G, WANG S G, ELSWORTH D, et al. Permeability evolution of fluid-infiltrated coal containing discrete fractures[J]. International Journal of Coal Geology, 2011,85(2): 202-211.

[96] KÄRGER J, RUTHVEN D M, THEODOROU D N. Diffusion in Nanoporous Materials[J]. Angewandte Chemie International Edition, 2012, 51 (48): 11939-11940.

[97] CRANK J. The mathematics of diffusion[M]. Oxford: Oxford University Press, 1956.

[98] ZHANG Y X. Geochemical kinetics[M]. Princeton: Princeton University Press, 2008.

[99] DE BOER J H. The dynamical character of adsorption[M]. Oxford: Clarendon Press, 1953.

[100] SMITH D M, WILLIAMS F L. Diffusion models for gas production from coal: Determination of diffusion parameters[J]. Fuel, 1984,63(2): 256-261.

[101] CLARKSON C R, BUSTIN R M. The effect of pore structure and gas pressure upon the transport properties of coal: A laboratory and modeling study. 2. Adsorption rate modeling[J]. Fuel, 1999,78(11): 1345-1362.

[102] CUI X, BUSTIN R M, DIPPLE G. Selective transport of CO_2, CH_4, and N_2 in coals: Insights from modeling of experimental gas adsorption data[J]. Fuel, 2004,83(3): 293-303.

[103] PAN Z J, CONNELL L D, CAMILLERI M, et al. Effects of matrix moisture on gas diffusion and flow in coal[J]. Fuel, 2010,89(11): 3207-3217.

[104] BARRER R M. Diffusion in and through solids[M]. London: The Cambridge University Press, 1951.

[105] Winter K, Janas H. Gas emission characteristics of coal and methods of

determining the desorbable gas content by means of desorbometers[C]//XIV International Conference of Coal Mine Safety Research，1996.

[106] 彼得罗祥.煤矿沼气涌出[M].宋世钊,译.北京:煤炭工业出版社,1983.

[107] BOLT B A, INNES J A. Diffusion of carbon dioxide from coal[J]. Fuel, 1959,38 (3)：333-337.

[108] 孙重旭.煤样解吸瓦斯泄出的研究及其突出煤层煤样解吸的特点[D].重庆:煤炭科学研究总院重庆分院,1983.

[109] 杨其銮,王佑安.煤屑瓦斯扩散理论及其应用[J].煤炭学报,1986,11(3):87-94.

[110] 聂百胜,郭勇义,吴世跃,等.煤粒瓦斯扩散的理论模型及其解析解[J].中国矿业大学学报,2001,30(1):19-22.

[111] 北川浩,铃木谦一郎.吸附的基础与设计[M].鹿政理,译.北京:化学工业出版社,1983.

[112] 安丰华.煤与瓦斯突出失稳蕴育过程及数值模拟研究[D].徐州:中国矿业大学,2014.

[113] AN F H, CHENG Y P, WANG L, et al. A numerical model for outburst including the effect of adsorbed gas on coal deformation and mechanical properties [J]. Computers and Geotechnics，2013,54：222-231.

[114] 郭品坤.煤与瓦斯突出层裂发展机制研究[D].徐州:中国矿业大学,2014.

[115] WANG S G, ELSWORTH D, LIU J S. Rapid decompression and desorption induced energetic failure in coal[J]. Journal of Rock Mechanics and Geotechnical Engineering，2015,7(3)：345-350.

[116] HARPALANI S. Gas flow through stressed coal[D]. Borkoley：University of California，1985.

[117] DURUCAN S, EDWARDS J S. The effects of stress and fracturing on permeability of coal[J]. Mining Science & Technology，1986,3(3)：205-216.

[118] ATES Y, BARRON K. The effect of gas sorption on the strength of coal[J]. Mining Science & Technology，1988,6(3)：291-300.

[119] CYRUL T. A concept of prediction of rock and gas outbursts[J]. Geotechnical & Geological Engineering，1992,10(1)：1-17.

[120] AZIZ N I, MING-LI W. The effect of sorbed gas on the strength of coal-an experimental study[J]. Geotechnical & Geological Engineering, 1999, 17 (3)：387-402.

[121] CAO Y X, HE D D, GLICK D C. Coal and gas outbursts in footwalls of reverse faults[J]. International Journal of Coal Geology, 2001,48(1/2)：47-63.

[122] XU T, TANG C A, YANG T H, et al. Numerical investigation of coal and gas outbursts in underground collieries [J]. International Journal of Rock Mechanics & Mining Sciences, 2006,43(6): 905-919.

[123] WOLD M B, CONNELL L D, CHOI S K. The role of spatial variability in coal seam parameters on gas outburst behaviour during coal mining[J]. International Journal of Coal Geology, 2008,75(1): 1-14.

[124] AGUADO M B D, GONZÁLEZ C. Influence of the stress state in a coal bump-prone deep coalbed: A case study[J]. International Journal of Rock Mechanics & Mining Sciences, 2009,46(2): 333-345.

[125] VISHAL V, RANJITH P G, PRADHAN S P, et al. Permeability of sub-critical carbon dioxide in naturally fractured Indian bituminous coal at a range of down-hole stress conditions[J]. Engineering Geology, 2013,167(24): 148-156.

[126] VISHAL V, RANJITH P G, SINGH T N. An experimental investigation on behaviour of coal under fluid saturation, using acoustic emission[J]. Journal of Natural Gas Science & Engineering, 2015,22: 428-436.

[127] VISHAL V, RANJITH P G, SINGH T N. CO_2 permeability of Indian bituminous coals: Implications for carbon sequestration[J]. International Journal of Coal Geology, 2013,105(1): 36-47.

[128] 胡千庭,周世宁,周心权.煤与瓦斯突出过程的力学作用机理[J].煤炭学报,2008,33(12):1368-1372.

[129] 程五一,刘晓宇,王魁军,等.煤与瓦斯突出冲击波阵面传播规律的研究[J].煤炭学报,2004,29(1):57-60.

[130] FARMER I W, POOLEY F D. A hypothesis to explain the occurrence of outbursts in coal, based on a study of West Wales outburst coal[J]. International Journal of Rock Mechanics and Mining Sciences & Geomechanics Abstracts, 1967,4(2): 189-193.

[131] GRAY I. The mechanism of, and energy release associated with outbursts[C]// Symposium on the occurrence, prediction and control of outbursts in coal mines, AusIMM, Southern Queensland Branch, 1980.

[132] 何学秋,周世宁.煤和瓦斯突出机理的流变假说[J].煤矿安全,1991(10):1-7.

[133] 蒋承林.煤与瓦斯突出阵面的推进过程及力学条件分析[J].中国矿业大学学报,1994,23(4):1-9.

[134] 蒋承林,俞启香.煤与瓦斯突出过程中能量耗散规律的研究[J].煤炭学报,1996,21(2):173-178.

[135] KONG S L, CHENG Y P, REN T, et al. A sequential approach to control gas for the extraction of multi-gassy coal seams from traditional gas well drainage to mining-induced stress relief[J]. Applied Energy, 2014,131(9): 67-78.

[136] WANG L, CHENG Y P. Drainage and utilization of Chinese coal mine methane with a coal-methane co-exploitation model: Analysis and projections [J]. Resources Policy, 2012,37(3): 315-321.

[137] 寇绍全,丁雁生,陈力,等.周围应力与孔隙流体对突出煤力学性质的影响[J].中国科学(A辑),1993(3):263-270.

[138] 许江,鲜学福,杜云贵,等.含瓦斯煤的力学特性的实验分析[J].重庆大学学报(自然科学版),1993,16(5):42-47.

[139] 姚宇平,周世宁.含瓦斯煤的力学性质[J].中国矿业学院学报,1988(1):4-10.

[140] 尹光志,王振,张东明.有效围压为零条件下瓦斯对煤体力学性质影响的实验[J].重庆大学学报,2010,33(11):129-133.

[141] 梁冰,章梦涛,潘一山,等.瓦斯对煤的力学性质及力学响应影响的试验研究[J].岩土工程学报,1995(5):12-18.

[142] 李小双,尹光志,赵洪宝,等.含瓦斯突出煤三轴压缩下力学性质试验研究[J].岩石力学与工程学报,2010,29(S1): 3350-3358.

[143] 王家臣,邵太升,赵洪宝.瓦斯对突出煤力学特性影响试验研究[J].采矿与安全工程学报,2011,28(3):391-394,400.

[144] MASOUDIAN M S, AIREY D W, EL-ZEIN A. Experimental investigations on the effect of CO_2 on mechanics of coal[J]. International Journal of Coal Geology, 2014,128/129: 12-23.

[145] MISHRA B, DLAMINI B. Investigation of swelling and elastic property changes resulting from CO_2 injection into cuboid coal specimens[J]. Energy & Fuels, 2012,26(6): 3951-3957.

[146] PAN Z J, CONNELL L D. Modelling permeability for coal reservoirs: A review of analytical models and testing data[J]. International Journal of Coal Geology, 2012,92: 1-44.

[147] 郑哲敏.从数量级和量纲分析看煤与瓦斯突出的机理[C]//郑哲敏.郑哲敏文集.北京:科学出版社,2004

[148] PATERSON L. A model for outbursts in coal[J]. International Journal of Rock Mechanics and Mining Sciences & Geomechanics Abstracts, 1986,23(4): 327-332.

[149] GUAN P, WANG H Y, ZHANG Y X. Mechanism of instantaneous coal outbursts[J]. Geology, 2009,37(10): 915-918.

[150] ALIDIBIROV M, DINGWELL D B. Magma fragmentation by rapid decompression[J]. Nature, 1996,380(6570): 146-148.

[151] 梁冰,章梦涛,潘一山,等.煤和瓦斯突出的固流耦合失稳理论[J].煤炭学报,1995, 20(5):492-496.

[152] 李萍丰.浅谈煤与瓦斯突出机理的假说:二相流体假说[J].煤矿安全,1989(11):29 -35.

[153] 徐涛,杨天鸿,唐春安,等.含瓦斯煤岩破裂过程固气耦合数值模拟[J].东北大学学报(自然科学版),2005,26(3):293-296.

[154] 孙东玲,胡千庭,苗法田.煤与瓦斯突出过程中煤-瓦斯两相流的运动状态[J].煤炭学报,2012,37(3):452-458.

[155] 文光才,周俊,刘胜.对突出做功的瓦斯内能的研究[J].矿业安全与环保,2002,29 (1):1-3.

[156] 胡千庭,文光才.煤与瓦斯突出的力学作用机理[M].北京:科学出版社,2013.

[157] JIN K, CHENG Y P, LIU Q Q, et al. Experimental investigation of pore structure damage in pulverized coal: Implications for methane adsorption and diffusion characteristics[J]. Energy & Fuels, 2016,30(12): 10383-10395.

[158] CAI Y D, LIU D M, PAN Z J, et al. Pore structure and its impact on CH_4 adsorption capacity and flow capability of bituminous and subbituminous coals from Northeast China[J]. Fuel, 2013,103: 258-268.

[159] MCBAIN J W. An explanation of hysteresis in the hydration and dehydration of gels[J]. Journal of the American Chemical Society, 1935,57(4): 699-700.

[160] LOWELL S, SHIELDS J E, THOMAS M A, et al. Characterization of porous solids and powders: Surface area, pore size and density[D]. Berlin: Springer Netherlands, 2005.

[161] 韩贝贝,秦勇,张政,等.基于压汞试验的煤可压缩性研究及压缩量校正[J].煤炭科学技术,2015,43(3):68-72.

[162] BRUNAUER S, EMMETT P H, TELLER E. Adsorption of gases in multimolecular layers[J]. Journal of the American Chemical Society, 1938,60 (2): 309-319.

[163] SING K S W. Reporting physisorption data for gas/solid systems with special reference to the determination of surface area and porosity (Recommendations 1984)[J]. Pure & Applied Chemistry, 1982,54(11): 2201-2218.

[164] THOMMES M, KANEKO K, NEIMARK A V, et al. Physisorption of gases, with special reference to the evaluation of surface area and pore size distribution

(IUPAC Technical Report)[J]. Pure & Applied Chemistry，2011,87(9)：25.

[165] PURL R，EVANOFF J C，BRUGLER M L. Measurement of coal cleat porosity and relative permeability characteristics[C]//SPE Gas Technology Symposium，Houston，Texas，1991.

[166] FRIESEN W I，MIKULA R J. Fractal dimensions of coal particles[J]. Journal of Colloid & Interface Science，1987,120(1)：263-271.

[167] HAVLIN S，BEN-AVRAHAM D. Diffusion in disordered media[J]. Advances in Physics，2002,10(1)：117-122.

[168] 徐满才，史作清，何炳林.分形表面及其性能[J].化学通报,1994,57(3):10-14.

[169] ZOU M J，WEI C T，ZHANG M，et al. Classifying coal pores and estimating reservoir parameters by nuclear magnetic resonance and mercury intrusion porosimetry[J]. Energy Fuels，2013,27(7)：3699-3708.

[170] 邹明俊.二孔网渗煤层气产出建模及应用研究[D].徐州：中国矿业大学,2014.

[171] 卢守青.基于等效基质尺度的煤体力学失稳及渗透性演化机制与应用[D].徐州:中国矿业大学,2016.

[172] LIU X F，NIE B S. Fractal characteristics of coal samples utilizing image analysis and gas adsorption[J]. Fuel，2016,182：314-322.

[173] FEI W，CHENG Y P，LU S Q，et al. Influence of coalification on the pore characteristics of middle-high rank coal[J]. Energy & Fuels，2014,28(9)：5729-5736.

[174] 李不言.图像二值化方法对比分析[J].印刷杂志,2012(10):48-50.

[175] 王飞.煤的吸附解吸动力学特性及其在瓦斯参数快速测定中的应用[D].徐州:中国矿业大学,2016.

[176] MORA C A，WATTENBARGER R A. Analysis and verification of dual porosity and cbm shape factors[J]. The Journal of Canadian Petroleum Technology，2009，48(2):17-21.

[177] BILOÉ S，MAURAN S. Gas flow through highly porous graphite matrices[J]. Carbon，2003,41(3)：525-537.

[178] SUTHERLAND W. A dynamical theory of diffusion for non-electrolytes and the molecular mass of albumin [J]. The London, Edinburgh, and Dublin Philosophical Magazine and Journal of Science，1905,9(54)：781-785.

[179] WANG Y，LIU S M. Estimation of pressure-dependent diffusive permeability of coal using methane diffusion coefficient：Laboratory measurements and modeling [J]. Energy Fuels，2016,30(11)：8968-8976.

[180] GOLF-RACHT T D V. Fundamentals of fractured reservoir engineering[M]. Amsterdam: Elsevier, 1982.

[181] LIU J S, CHEN Z W, ELSWORTH D, et al. Evaluation of stress-controlled coal swelling processes[J]. International Journal of Coal Geology, 2010,83(4): 446-455.

[182] LIU J S, CHEN Z W, ELSWORTH D, et al. Linking gas-sorption induced changes in coal permeability to directional strains through a modulus reduction ratio[J]. International Journal of Coal Geology, 2010,83(1): 21-30.

[183] PILLALAMARRY M, HARPALANI S, LIU S M. Gas diffusion behavior of coal and its impact on production from coalbed methane reservoirs[J]. International Journal of Coal Geology, 2011,86(4): 342-348.

[184] RITGER P L, PEPPAS N A. Transport of penetrants in the macromolecular structure of coals: 4. Models for analysis of dynamic penetrant transport[J]. Fuel, 1987,66(6): 815-826.

[185] ZHANG J. Experimental study and modeling for CO_2 diffusion in coals with different particle sizes: Based on gas absorption (imbibition) and pore structure [J]. Energy & Fuels, 2016,30(1): 531-543.

[186] LOSKUTOV V V, SEVRIUGIN V A. A novel approach to interpretation of the time-dependent self-diffusion coefficient as a probe of porous media geometry[J]. Journal of Magnetic Resonance, 2013,230: 1-9.

[187] MITRA P P, SEN P N, SCHWARTZ L M, et al. Diffusion propagator as a probe of the structure of porous media.[J]. Physical Review Letters, 1992,68(24): 3555-3558.

[188] MITRA P P, SEN P N, SCHWARTZ L M. Short-time behavior of the diffusion coefficient as a geometrical probe of porous media.[J]. Physical Review B Condensed Matter, 1993,47(14): 8565-8574.

[189] SKOULIDAS A I, SHOLL D S. Direct tests of the darken approximation for molecular diffusion in zeolites using equilibrium molecular dynamics[J]. The Journal of Physical Chemistry B, 2001,105(16): 3151-3154.

[190] SKOULIDAS A I, SHOLL D S. Molecular dynamics simulations of self-diffusivities, corrected diffusivities, and transport diffusivities of light gases in four silica zeolites to assess influences of pore shape and connectivity[J]. The Journal of Physical Chemistry A, 2003,107(47): 10132-10141.

[191] VALIULLIN R, SKIRDA V. Time dependent self-diffusion coefficient of molecules in porous media[J]. Journal of Chemical Physics, 2001, 114(1):

452-458.

[192] 袁军伟.颗粒煤瓦斯扩散时效特性研究[D].北京:中国矿业大学(北京),2014.

[193] 陈美娟.基于重量法和核磁共振法的聚乙烯中溶解扩散行为研究及其应用[D].杭州:浙江大学,2014.

[194] 郑绍宽.分子间多量子相干横向弛豫时间和自扩散系数的研究[D].厦门:厦门大学,2001.

[195] 陈巧龙.多孔介质中液体受限扩散的 MonteCarlo 计算机模拟[D].厦门:厦门大学,2007.

[196] 查传钰,吕钢.多孔介质中流体的扩散系数及其测量方法[J].地球物理学进展,1998,13(2):61-73.

[197] JIAN X, GUAN P, ZHANG W. Carbon dioxide sorption and diffusion in coals: Experimental investigation and modeling[J]. Science China Earth Sciences, 2012, 55(4): 633-643.

[198] ZHAO Y L, FENG Y H, ZHANG X X. Molecular simulation of CO_2/CH_4 self- and transport diffusion coefficients in coal[J]. Fuel, 2016,165: 19-27.

[199] HU H X, LI X C, FANG Z M, et al. Small-molecule gas sorption and diffusion in coal: Molecular simulation[J]. Energy, 2010,35(7): 2939-2944.

[200] KÄRGER J, RUTHVEN D M, THEODOROU D N. Diffusion in nanoporous materials [J]. Angewandte Chemie International Edition, 2012, 51 (48): 11939-11940.

[201] EVERETT D H, POWL J C. Adsorption in slit-like and cylindrical micropores in the henry's law region. A model for the microporosity of carbons[J]. Journal of the Chemical Society, Faraday Transactions 1: Physical Chemistry in Condensed Phases, 1976,72: 619.

[202] YANG B, KANG Y L, YOU L J, et al. Measurement of the surface diffusion coefficient for adsorbed gas in the fine mesopores and micropores of shale organic matter[J]. Fuel, 2016,181: 793-804.

[203] TU Q Y, CHENG Y P, GUO P K, et al. Experimental study of coal and gas outbursts related to gas-enriched areas[J]. Rock Mechanics & Rock Engineering, 2016,49(9): 3769-3781.

[204] VALLIAPPAN S, ZHANG W. Role of gas energy during coal outbursts [J]. International Journal for Numerical Methods in Engineering, 1999,44(7): 875-895.

[205] 梁财,陈晓平,蒲文灏,等.高压浓相粉煤气力输送特性研究[J].中国电机工程学报,2007,27(14):31-35.

[206] 林江.气力输送系统流动特性的研究[D].杭州:浙江大学,2004.

[207] 谢灼利.密相悬浮气力输送过程及其数值模拟研究[D].北京:北京化工大学,2001.

[208] 赵艳艳,陈峰,龚欣,等.粉煤浓相气力输送中的固气比[J].华东理工大学学报(自然科学版),2002,28(3):235-237.

[209] KONRAD K. Dense-phase pneumatic conveying: A review [J]. Powder Technology, 1986,49(1):1-35.

[210] MOLERUS O. Overview: Pneumatic transport of solids[J]. Powder Technology, 1996,88(3):309-321.

[211] 熊焱军,郭晓镭,龚欣,等.水平管煤粉密相气力输送堵塞临界状态[J].化工学报,2009,60(6):1421-1426.

[212] CONG X L, GUO X L, GONG X, et al. Investigations of pulverized coal pneumatic conveying using CO_2 and air[J]. Powder Technology,2012,219:135-142.

[213] 丛星亮.粉煤密相气力输送的流型与管线内压力信号关系的研究[D].上海:华东理工大学,2013.

[214] 苏现波.四川中梁山和南桐矿区晚二叠世龙潭组主要煤层的煤相分析[J].焦作矿业学院学报,1990(3):49-57.

[215] 孙维周,胡德生.炼焦煤堆密度的影响因素分析[J].宝钢技术,2012(2):10-14.

[216] 李成武,解北京,曹家琳,等.煤与瓦斯突出强度能量评价模型[J].煤炭学报,2012,37(9):1547-1552.

[217] CHENG L B, WANG L, CHENG Y P, et al. Gas desorption index of drill cuttings affected by magmatic sills for predicting outbursts in coal seams[J]. Arabian Journal of Geosciences, 2016,9(1):1-15.

[218] 孔胜利,程龙彪,王海锋,等.钻屑瓦斯解吸指标临界值的确定及应用[J].煤炭科学技术,2014(8):56-59.

[219] CHENG W Y, LIU X Y, WANG K J, et al. Study on regulation about shock-wave-front propagating for coal and gas outburst[J]. Journal of China Coal Society, 2004,29(1):57-60.

[220] ZHOU A T, WANG K, WANG L, et al. Numerical simulation for propagation characteristics of shock wave and gas flow induced by outburst intensity[J]. International Journal of Mining Science and Technology, 2015,25(1):107-112.

[221] YANG L, XIE Y H. Pneumatic Conveying Engineering[M]. Beijing: China Machine Press, 2006.

[222] 景国勋,张强.煤与瓦斯突出过程中瓦斯作用的研究[J].煤炭学报,2005,30(2):169-171.